香港財經移動研究部

2024 最新
最佳 ETF 與投資策略

香港財經移動出版
HONG KONG MOBILE FINANCIAL PUBLICATION

2024最新最佳 ETF 與投資策略

作　　者：香港財經移動研究部

出　　版：香港財經移動出版有限公司

地　　址：香港柴灣豐業街 12 號啟力工業中心 A 座 19 樓 9 室

電　　話：（八五二）三六二零 三一一六

發　　行：一代匯集

地　　址：香港九龍大角咀塘尾道 64 號龍駒企業大廈 10 字樓 B 及 D 室

電　　話：（八五二）二七八三 八一零二

印　　刷：美雅印刷製本有限公司

初　　版：二零二四年七月

如有破損或裝訂錯誤，請寄回本社更換。

免責聲明

© 2024 Hong Kong Mobile Financial Publication Ltd.

PRINTED IN HONG KONG

ISBN：978-988-76533-5-6

目錄

第一章
ETF 市場當前趨勢

全球 ETF成長預測

全球 ETF 市場預計將繼續其顯著成長軌跡，到2024年底，資產規模預計將達到 14兆美元。

全球交易所交易基金（ETF）資產管理規模（AUM）預計將在 2024年至 2028年間以 13.5%的年均複合成長率（CAGR）增長，從 2023年底的 11.5萬億美元增至 2028年的 19.2萬億美元，反映出這些投資工具的強勁需求和不斷擴大的市場。這種成長不僅限於傳統市場，也出現在新興市場，ETF作為投資工具越來越受歡迎。

隨著投資者越來越認識到 ETF的優勢，例如更低的成本、更高的透明度和更高的靈活性，ETF資產的成長預計將超過傳統共同基金。

這種向 ETF的轉變，是被動投資更廣泛趨勢的一部分，因為投資者尋求在競爭日益激烈的市場環境中，把成本最小化和將回報最大化。

ETF產品日益複雜，也推動了 ETF資產的成長。除了傳統的指數追蹤 ETF之外，對更複雜策略的需求也在不斷增長，例如主動管理 ETF、Smart Beta ETF和主題 ETF。這些產品為投資者提供了接

觸特定細分市場或投資主題的新途徑，預計將成為未來幾年 ETF
成長的主要動力。

推動 ETF 成長的主要趨勢

1. 主動型 ETF：主動型 ETF 正在快速成長，超過了整個 ETF
市場。 2023 年，主動型 ETF 的流量創下歷史新高，預計這一趨勢
將在 2024 年持續下去。主動管理所提供的靈活性和更高回報的潛
力，吸引了廣泛的投資者。

與傳統的主動式管理共同基金相比，主動式 ETF 具有多項優
勢。它們提供了更大的透明度，因為持倉量每天都會披露，並且
可以像股票一樣在整個交易日內買賣。它們的成本通常也低於共
同基金，因為它們的營運費用相對更低。

主動型 ETF 的成長受到多種因素的推動。首先，投資者越
來越意識到主動管理可以為某些細分市場或投資策略增加價值。
其次，監管環境變得更加支持主動型 ETF，美國證券交易委員會
(SEC) 最近批准了幾種新的主動型 ETF 結構。此外，ETF 投資者
的日益成熟正在推動對更複雜和專業產品的需求。

2. 成本敏感度：投資者對成本越來越敏感，青睞 ETF，因為
與共同基金相比，ETF 的費用比率較低。這種成本效率是 投資
ETF 的重要吸引力，因為它允許投資者透過最小化費用來最大化
回報。低成本投資的趨勢預計將持續下去，越來越多的投資者選
擇 ETF 作為投資市場的一種具有成本效益的方式。

ETF 的成本優勢對於長期投資者來說尤其重要，因為即使費用上的微小差異也會隨著時間的推移，對回報產生巨大影響。例如，假設年回報率為 6%，投資者在 100,000 美元的投資中節省 0.50% 的年費，可以在 20 年內獲得額外 30,000 美元的回報。

ETF 的成本優勢也推動了向被動投資的轉變，因為投資者認識到主動管理基金很難在扣除費用後持續跑贏市場。預計這一趨勢將持續下去，被動 ETF 在未來幾年將佔據越來越多的投資者資產份額。

3. 財務諮詢的轉型：向收費諮詢模式的轉變也在推動 ETF 市場的增長。財務顧問越來越多地使用 ETF 作為資產配置的基礎，為客戶提供多元化、具有成本效益的投資解決方案。這一轉變使得 ETF 更容易被更廣泛的投資者所接受，包括那些以前可能沒有考慮過它們的投資者。

向收費諮詢模式的轉變，是顧問和客戶之間提高透明度和利益協調的更廣泛趨勢的一部分。在收費模式下，顧問根據所管理資產的百分比獲得報酬，而不是透過單筆交易的佣金。這使得顧問的利益與其客戶的利益保持一致，因為雙方都受益於客戶投資組合的成長。

ETF 非常適合收費諮詢模式，因為它們提供了一種低成本、透明且靈活的方式來獲得廣泛的資產類別和投資策略。透過使用 ETF 作為建構模組，顧問可以創建適合個人客戶的特定需求和風險承受能力的客製化投資組合。

收費諮詢模式的成長也受到監管變化的推動，如美國勞工部的信託規則，要求顧問在提供退休帳戶投資建議時以客戶的最佳利益為出發點。這使客戶更加關注低成本、透明的投資產品，如 ETF。

4. 債券交易的演變：債券交易方式不斷演變，使得債券 ETF 成為進入固定收益市場的更有效方式。隨著利率穩定，預計這一趨勢將持續下去，大量資金將流入固定收益 ETF。債券 ETF提供流動性和透明度，使其成為尋求固定收益投資的投資者的有吸引力的選擇。

傳統上，債券交易是一個相對不透明且流動性較差的市場，大多數交易都是在機構投資者之間進行場外交易。這使得個人投資者難以直接進入債券市場，並導致交易成本上升和流動性下降。

債券 ETF透過提供更具流動性和透明的方式來獲得固定收益市場的投資，為這些挑戰提供了解決方案。

債券 ETF像股票一樣在交易所進行交易，具有即時定價和全交易日買賣的能力。它們還提供更大的透明度，每天揭露持股。

債券 ETF的成長，受到多種因素的推動。首先，投資者對固定收益敞口的需求不斷增加，因為他們尋求投資組合多元化並在低收益環境中創造收入。

其次，監管環境變得更加支持債券 ETF，美國證券交易委員會最近批准了幾個新的債券 ETF 結構。ETF 投資者的日益成熟度正在推動對更專業、更有針對性的固定收益投資的需求。

投資 ETF 的優勢

Exchange-Traded Funds（ETFs）是一種結合了股票和共同基金優點的投資工具。它們提供了多元化、低成本、交易彈性、透明度、稅收效率和流動性等多種優勢，使其成為個人和機構投資者的理想選擇。以下是投資 ETF 的主要好處及其詳細分析。

1. 多元化

廣泛的投資：ETF 在單一基金中提供廣泛的股票、債券或其他證券的投資，這有助於分散風險。這可以包括特定產業、投資類別、國家或廣泛的市場指數。例如，iShares MSCI China ETF（MCHI）追蹤 MSCI China Index，涵蓋了中國市場的主要公司，提供對中國經濟的廣泛曝光。這種多元化投資策略可以幫助投資者降低單一資產或市場波動帶來的風險。

資產類別：ETF 可以涵蓋股票以外的各種資產類別，例如債券、大宗商品和貨幣，從而實現多元化的投資策略。例如，SPDR Gold Shares（GLD）提供對黃金價格的直接曝光，適合那些希望對沖通脹風險的投資者。此外，Vanguard Total Bond Market ETF（BND）提供對美國債券市場的廣泛曝光，適合那些尋求穩定收入和低風險的投資者。

2. 成本低

費用比率：與主動式管理共同基金相比，ETF 的費用

比率通常較低。這是因為大多數 ETF 都是被動管理的，追蹤指數而不需要主動管理。例如，iShares Core FTSE 100 UCITS ETF (ISF) 的費用比率僅為 0.07%，在同類型 ETF 中屬於較低水平。這意味著投資者可以節省大量的管理費用，從而提高淨回報。

交易成本：許多經紀平台提供 ETF 免佣金交易，進一步降低投資成本。例如，某些美國券商提供的免佣金交易平台，使得投資者可以更低成本地進行 ETF 交易。這對於頻繁交易的投資者來說尤為重要，因為交易成本的降低可以顯著提高投資回報。

3. 交易彈性

日內交易：與交易日結束時定價的共同基金不同，ETF 可以在整個交易日內以市場價格買賣。這使得投資者能夠對市場變化做出快速反應。投資者可以在市場波動時迅速買入或賣出 ETF，以捕捉短期機會或減少損失。這種交易彈性使得 ETF 成為短期交易者和長期投資者的理想選擇。

保證金和賣空：ETF 可以用保證金購買並賣空，為投資者提供額外的交易策略。投資者可利用保證金購買 ETF，放大投資回報；或者在市場下跌時賣空 ETF 以獲利。這些交易策略有助投資者在不同的市場環境中實現更高的回報。

4. 透明度

每日持倉資訊揭露：大多數 ETF 每天都會揭露其持股

情況，讓投資者能準確了解自己所擁有的資產。這種透明度有助於做出明智的投資決策。例如，投資者可以通過查看 ETF 的每日持倉報告，了解其投資組合的具體構成，從而評估其風險和回報。

指數追蹤：ETF 通常持有與其追蹤的指數或基準相同的證券，以確保投資者了解標的資產。例如，iShares Core DAX UCITS ETF（EXS1）追蹤 DAX 指數，持有德國市場的主要公司股票，提供對德國經濟的全面曝光。這種透明度使得投資者可以更好地了解其投資的具體內容，從而做出更明智的投資決策。

5. 稅務效率

較低的資本收益：由於其結構和實物創建 / 贖回過程，與共同基金相比，ETF 通常具有較低的周轉率，因此向投資者傳遞的資本收益較少。例如，ETF 的創建和贖回過程通常不涉及現金交易，從而避免了資本利得稅。

稅務優勢：ETF 比共同基金更具稅收效率，因為它們往往實現較少的資本利得。例如，投資者可以通過持有 ETF 來延遲繳納資本利得稅，直到他們賣出 ETF 為止，從而實現稅收遞延。這種稅收效率使得 ETF 成為稅付敏感型投資者的理想選擇。

6. 流動性

高流動性：熱門 ETF 的交易具有高流動性，這意味著

總是有大量的買家和賣家，致使買賣差價縮小並且易於交易。例如，SPDR S&P 500 ETF（SPY）是全球交易量最大的ETF之一，具有極高的流動性。這種高流動性使得投資者可以在需要時迅速買入或賣出ETF，從而提高投資的靈活性。

基於市場的定價：ETF 以基於市場的價格進行交易，該價格在整個交易日更新，提供即時定價資訊。例如，投資者可以在交易日內隨時查看ETF的市場價格，並根據市場變化做出交易決策。這種即時定價資訊使得投資者可以更好地把握市場機會，從而實現更高的投資回報。

7. 股息再投資

立即再投資：ETF內公司的股利通常會立即再投資，這可以增強報酬的複利效應。例如，某些ETF會將收到的股息自動再投資到基金中，從而增強投資者的總回報。這種股息再投資策略可以幫助投資者在長期內實現更高的複利回報。

結論

ETF 集多元化、低成本、交易靈活性、透明度、稅收效率和流動性於一體，使其成為對個人和機構投資者有吸引力的投資選擇。這些好處有助於建立全面、高效的投資組合。然而，投資者在選擇ETF時，應根據自身的投資目標和風險承受能力，仔細評估每個ETF的特點和潛在風險，做出明智的投資決策。

全球區域洞察

美國

美國 ETF市場是世界上最大、最具活力的市場。有幾個因素有助於其持續成長和領導地位：

1. 市場領導地位：美國在創新和成長方面繼續引領全球 ETF市場。預計到 2024 年，15 家 ETF發起人的淨流入將超過 100 億美元，比 2023 年增長 25%。

2. 創新和競爭：美國市場的特徵是 ETF發行人之間的創新和競爭水平很高。這導致了各種產品的推出，從傳統的指數追蹤 ETF 到槓桿和反向 ETF、主題 ETF 和主動管理 ETF 等更複雜的策略。

3. 監管環境：美國的監管環境有利於 ETF的成長。首隻現貨比特幣 ETF的批准是一個重要的里程碑，反映出監管機構擁抱新資產類別的意願。然而，根據摩根大通和彭博資訊的數據，投資者在 2024年 5月 1日從十檔現貨比特幣 ETF中撤資 5.58億美元，創下這些基金自 1月中旬推出以來的最大單日流出量，這也凸顯了與這些產品相關的挑戰和風險。

4. 投資者需求：美國散戶和機構投資者對 ETF 的需求強勁。

5. 主動 ETF：主動 ETF的成長是美國市場的主要趨勢。主動型 ETF 透過主動管理提供更高回報的潛力，同時仍提供 ETF結構的優勢，例如流動性和透明度。隨著投資者尋求因應債券市場的複雜性，主動式固定收益 ETF的受歡迎程度尤其引人注目。

20隻美國最佳股票 ETF

本書所列 ETF資訊是截至 2024年 6月 19日的今年迄今（YTD）數據。

Direxion HCM Tactical Enhanced US ETF（HCMT）

Direxion HCM 戰術增強型美國股票策略 ETF 為主動型 ETF，旨在與美國股市廣泛相關的多個市場週期中提供增效重回報。本基金使用基於 HCM-BuyLine 的專有定量投資模型，該模型由本基金子顧問 Howard Capital Management Inc. 開發，用於確定本基金的資產是否分配給美國股票或現金及現金等價物（即貨幣市場基金、美國政府證券和 / 或類似證券）。本基金投資於或有敞口於美國股票，以實現資本增值，或投資於現金或現金等價物，以在市場低迷期間保留資本。當分配於美國股票時，該基金將通過投資掉期等衍生品來尋求其淨資產的槓桿敞口，以實現更高的回報。

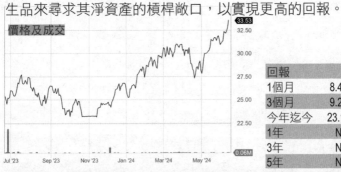

價格及成交

回報	
1個月	8.41%
3個月	9.20%
今年迄今	23.18%
1年	N/A
3年	N/A
5年	N/A

概況

發行人	Rafferty Asset Mgt
品牌	Direxion
結構	ETF
費用率	1.17%
創立日	Jun 22, 2023

主題

槓桿股權	美國
類別	Size and style
重點	總市場
利基	廣泛
策略	積極
加權方案	所有權

歷史回報（%）對基準

	HCMT	類別
年初至今	16.72%	9.78%
1個月	10.21%	4.23%
3個月	3.87%	3.14%

交易數據

52 Week Lo	$22.69
52 Week Hi	$32.75
AUM	$321.2 M
股數	9.9 M

歷史交易數據

1 個月平均量	36,741
3 個月平均量	45,103

HCM Defender 100 Index ETF（QQH）

　　HCM Defender 100 指數 ETF（QQH）由 Vance Howard 管理，是一種旨在提供與 HCM Defender 100 指數表現大致相符的投資結果的交易所交易基金。主要持股包括：ProShares UltraPro QQQ、微軟公司、蘋果公司、NVIDIA 公司、Meta Platforms 公司、亞馬遜公司、博通公司和 Alphabet 公司。該指數在納斯達克上市的 100 家最大的非金融公司中進行全股票頭寸的配置。該基金至少將 80% 的資產投資於這些證券。該 ETF 的策略包括根據市場情況動態調整其股票頭寸，旨在在有利的市場條件下捕捉上行潛力，同時在不利的市場條件下保護下行風險。

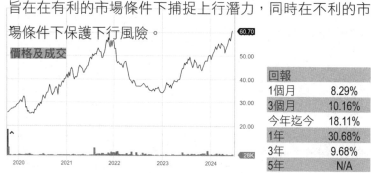

價格及成交

回報	
1個月	8.29%
3個月	10.16%
今年迄今	18.11%
1年	30.68%
3年	9.68%
5年	N/A

概況

發行人	Howard Capital Mgt
品牌	HCM
結構	ETF
費用率	0.96%
創立日	Oct 10, 2019

主題

類別	科技股
規格	大盤股
風格	混合
地區	北美（一般）
地區	美國（具體）

歷史回報（%）對基準		QQH	類別
2023		48.05%	36.74%
2022		-39.60%	-29.91%
2021		37.52%	20.45%

交易數據

52 Week Lo	$43.17
52 Week Hi	$59.38
AUM	$463.9 M
股數	8.0 M

歷史交易數據

1 個月平均量	19,250
3 個月平均量	21,900

Fidelity Blue Chip Growth ETF（FBCG）

　　FBCG 為主動型 ETF，旨在尋求長期資本增長。本基金通常至少將 80% 的資產投資於藍籌公司。這些公司知名度高、資本充足，通常具有大中型市值。這些公司通常具有強勁的財務狀況和穩定的盈利增長。基金經理會根據公司的財務狀況、盈利能力、增長前景等因素來選擇投資標的。

　　近期 FBCG 的投資組合中包括了一些在 AI 硬件領域表現突出的公司，如 NVIDIA、Broadcom 和 Micron Technology。因為它們在人工智能領域的強勁表現和市場領導地位。

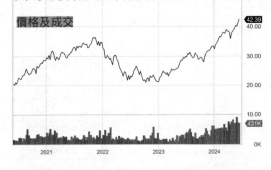

價格及成交

回報	
1個月	7.58%
3個月	10.33%
今年迄今	25.34%
1年	44.49%
3年	10.53%
5年	N/A

概況

發行人	Fidelity
品牌	Fidelity
結構	ETF
費用率	0.59%
創立日	Jun 03, 2020

主題

類別	大型增長股
規格	大盤股
風格	增長
地區	已開發市場
地區	廣泛（具體）

歷史回報（%）對基準		FBCG	類別
2023		57.98%	36.74%
2022		-39.10%	-29.91%
2021		21.34%	20.45%

交易數據

52 Week Lo	$27.54
52 Week Hi	$41.75
AUM	$1,779.2 M
股數	43.0 M

歷史交易數據

1 個月平均量	433,305
3 個月平均量	409,066

Invesco S&P 500® Momentum ETF（SPMO）

　　SPMO 是一種旨在追踪 S&P 500 Momentum 指數表現的交易所交易基金。該基金主要投資於 S&P 500 數中具有最高「動量分數」的約 100 隻股票,這些股票在近期表現優於其他股票。主要持股包括:NVIDIA、蘋果、微軟、Meta Platforms、亞馬遜、博通、Eli Lilly、伯克希爾哈撒韋、摩根大通和 Costco。其行業配置為:技術（50.21%）、消費週期（11.32%）、通信服務（9.8%）、醫療保健（9.07%）等。

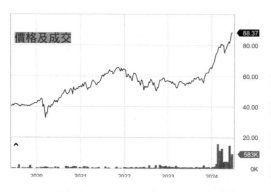

價格及成交		88.37

回報	
1個月	6.95%
3個月	7.87%
今年迄今	30.11%
1年	56.91%
3年	16.60%
5年	17.74%

概況	
發行人	Invesco
品牌	Invesco
結構	ETF
費用率	0.13%
創立日	Oct 09, 2015

主題	
類別	大型增長股
規格	大盤股
風格	增長
地區	北美（一般）
地區	美國（具體）

歷史回報（%）對基準		SPMO	類別
2023		17.55%	36.74%
2022		-10.46%	-29.91%
2021		22.65%	20.45%

交易數據	
52 Week Lo	$53.77
52 Week Hi	$85.08
AUM	$1,676.3 M
股數	19.9 M

歷史交易數據	
1個月平均量	405,700
3個月平均量	326,818

Invesco S&P SmallCap Momentum ETF（XSMO）

　　本基金以追求 S&P Smallcap 600 Momentum Index 績效為投資目標，投資至少 90% 的總資產到指數的成份股。該指數由 S&P Smallcap 600 指數中的 120 種證券組成，根據指數方法計算具有最高的「動量得分」。 這是透過衡量每種證券的上漲價格變動與 S&P Midcap 600 指數內其他符合條件的股票相比計算得出的。基金和指數每半年進行一次再平衡和重組。

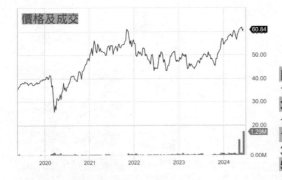

價格及成交 60.84 / 1.29M

回報	
1個月	-1.45%
3個月	2.83%
今年迄今	5.53%
1年	26.91%
3年	4.99%
5年	11.43%

概況	
發行人	Invesco
品牌	Invesco
結構	ETF
費用率	0.39%
創立日	Mar 03, 2005

歷史回報（%）對基準	XSMO	類別
2023	21.53%	16.68%
2022	-15.45%	-27.77%
2021	19.25%	11.89%

交易數據	
52 Week Lo	$44.98
52 Week Hi	$62.31
AUM	$513.8 M
股數	8.6 M

主題	
類別	小型增長股
規格	細盤股
風格	混合
地區	北美（一般）
地區	美國（具體）

歷史交易數據	
1 個月平均量	237,545
3 個月平均量	184,777

Fidelity Nasdaq Composite Index ETF（ONEQ）

本基金所追蹤之指數為 NASDAQ Composite TR USD，在扣除各種費用和支出之前追求達到和指數一樣的投資表現。基金通常將至少 80% 的資產投資於指數中的普通股。它使用統計抽樣技術，並考慮了諸如資本總額，行業敞口，股息收益率，市盈率，市淨率和收益增長等因素，創建在納斯達克綜合指數上市的證券投資組合，這些證券投資組合的投資概況與整個指數相似。

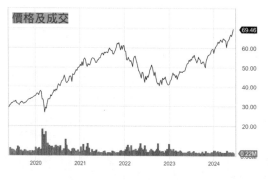

價格及成交

69.46

回報	
1個月	6.33%
3個月	7.97%
今年迄今	15.68%
1年	30.28%
3年	8.72%
5年	18.49%

概況

發行人	Fidelity
品牌	Fidelity
結構	ETF
費用率	0.21%
創立日	Sep 25, 2003

主題

類別	大型增長股
規格	大盤股
風格	增長
地區	北美（一般）
地區	美國（具體）

歷史回報（%）對基準		ONEQ	類別
2023		45.74%	36.74%
2022		-32.12%	-29.91%
2021		22.11%	20.45%

交易數據

52 Week Lo	$49.22
52 Week Hi	$68.41
AUM	$6,522.4 M
股數	96.3 M

歷史交易數據

1 個月平均量	246,364
3 個月平均量	244,718

HCM Defender 500 Index ETF（LGH）

HCM Defender 500 指數 ETF（LGH）是一種旨在追蹤 HCM Defender 500 指數表現的交易所交易基金。該基金在扣除各種費用和支出之前，力求達到與指數相同的投資表現。LGH 追蹤旨在美國大盤股和國債或兩者的組合之間切換的專有指數，取決於美國股市的風險。

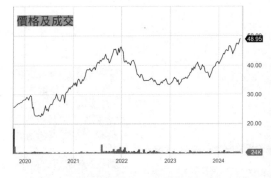

回報	
1個月	6.39%
3個月	8.09%
今年迄今	19.42%
1年	26.66%
3年	8.30%
5年	N/A

概況	
發行人	Howard Capital Mgt
品牌	HCM
結構	ETF
費用率	0.98%
創立日	Oct 10, 2019

歷史回報（%）對基準		LGH	類別
2023		24.19%	22.32%
2022		-27.36%	-16.96%
2021		39.92%	26.07%

交易數據	
52 Week Lo	$35.34
52 Week Hi	$49.24
AUM	$395.3 M
股數	8.1 M

主題	
類別	大型混合股
規格	大盤股
風格	混合
地區	北美（一般）
地區	美國（具體）

歷史交易數據	
1 個月平均量	26,887
3 個月平均量	24,923

T. Rowe Price Blue Chip Growth ETF（TCHP）

　　本基金為主動型 ETF，旨在尋求長期資本增長，收入是次要目標。基金通常將至少 80% 的資產投資於在美國上市的大中型藍籌成長公司的普通股或具有類似經濟特徵的期貨。這些公司在各自的行業中地位穩固，並有超過平均水準的盈利增長力。它專注於具有領先市場地位、經驗豐富的管理層和強大的財務基礎的公司。

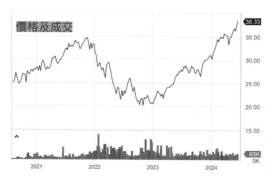

回報	
1個月	6.50%
3個月	9.39%
今年迄今	22.33%
1年	39.65%
3年	7.69%
5年	N/A

概況	
發行人	T. Rowe Price Group, Inc
品牌	T. Rowe Price
結構	ETF
費用率	0.57%
創立日	Aug 04, 2020

主題	
類別	大型增長股
規格	大盤股
風格	增長
地區	北美（一般）
地區	美國（具體）

歷史回報（%）對基準		TCHP	類別
2023		50.10%	36.74%
2022		-37.81%	-29.91%
2021		18.08%	20.45%

交易數據	
52 Week Lo	$26.15
52 Week Hi	$37.86
AUM	$624.3 M
股數	16.6 M

歷史交易數據	
1個月平均量	80,609
3個月平均量	74,588

iShares Russell Top 200 Growth ETF（IWY）

本基金是一種旨在追蹤 Russell Top 200 Growth Index 表現的交易所交易基金。該基金主要投資於 Russell Top 200 指數中成長潛力最大的 200 家大型公司。主要持股包括：蘋果、微軟、亞馬遜、NVIDIA 和 Alphabet 等大型科技公司。IWY 至少 90% 的資產投資於指數成分股，目標是扣除費用前達到指數的表現。

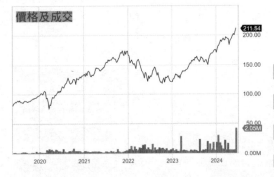

回報	
1個月	6.50%
3個月	9.06%
今年迄今	19.23%
1年	36.02%
3年	13.76%
5年	20.79%

概況	
發行人	BlackRock, Inc.
品牌	iShares
結構	ETF
費用率	0.20%
創立日	Sep 22, 2009

歷史回報（%）對基準	IWY	類別
2023	46.50%	36.74%
2022	-29.91%	-29.91%
2021	31.05%	20.45%

交易數據	
52 Week Lo	$147.94
52 Week Hi	$208.68
AUM	$10,986.9 M
股數	53.2 M

主題	
類別	大型增長股
規格	大盤股
風格	增長
地區	北美（一般）
地區	美國（具體）

歷史交易數據	
1個月平均量	504,714
3個月平均量	459,774

WisdomTree U.S. Quality Growth Fund（QGRW）

本基金所追蹤之指數為 WisdomTree U.S. Quality Growth Index，該指數由 100 家基於成長和質量因素得分最高的美國大型和中型公司組成。這是一支被動管理的市值加權基金，專注於提供美國大型和中型優質成長股的敞口。前十大持股約佔總投資組合的 60%。其資產中約 52% 集中於科技板塊。其他主要板塊權重包括通信服務（15%）、消費循環（14%）和金融（7%）。最近其表現強勁，主要是因為其重倉快速增長的科技和消費股，這些股票在質量指標上得分較高。

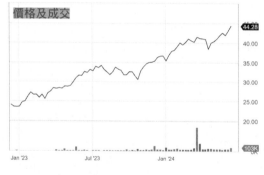

價格及成交

回報	
1個月	6.42%
3個月	7.66%
今年迄今	19.14%
1年	36.30%
3年	N/A
5年	N/A

概況

發行人	WisdomTree
品牌	WisdomTree
結構	ETF
費用率	0.28%
創立日	Dec 15, 2022

歷史回報（%）對基準	QGRW	類別
2023	56.05%	36.74%

交易數據

52 Week Lo	$30.29
52 Week Hi	$43.58
AUM	$422.5 M
股數	9.8 M

主題

類別	大型增長股
規格	大盤股
風格	增長
地區	北美（一般）
地區	美國（具體）

歷史交易數據

1 個月平均量	55,714
3 個月平均量	114,400

Invesco QQQ Trust Series I（QQQ）

　　景順 QQQ 信託追蹤 Nasdaq100 科技板塊指數的表現，該指數由那斯達克交易所上市的 100 家市值最大的公司組成，涵蓋廣泛的科技、金融、醫療保健等領域。該 ETF 提供對領先科技股的低成本和流動性投資，例如蘋果、微軟、亞馬遜和 Google。QQQ 的表現與納斯達克指數的表現高度相關。

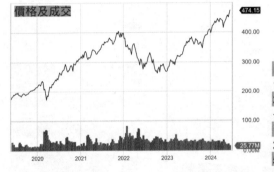

回報	
1個月	5.87%
3個月	6.75%
今年迄今	14.44%
1年	30.70%
3年	11.91%
5年	21.46%

概況	
發行人	Invesco
品牌	Invesco
結構	UIT
費用率	0.20%
創立日	Mar 10, 1999

歷史回報（%）對基準		QQQ	類別
2023		54.85%	36.74%
2022		-32.58%	-29.91%
2021		27.42%	20.45%

交易數據	
52 Week Lo	$341.04
52 Week Hi	$468.14
AUM	$276,556.0 M
股數	595.1 M

主題	
類別	科技股
規格	大盤股
風格	增長
地區	北美（一般）
地區	美國（具體）

歷史交易數據	
1 個月平均量	30,169,596
3 個月平均量	39,760,020

Vanguard Growth ETF（VUG）

本基金是一支採被動式（或稱指數型）的管理方式，以追求 CRSP US Large Cap Growth Index 的績效表現為投資目標。CRSP US Large Cap Growth Index 廣泛的包含了在美國具領導地位的大型成長股。本基金所投資的標的和標的間的權重都以標的指數為主，因此績效表現和風險特性都會與該指數非常相似。

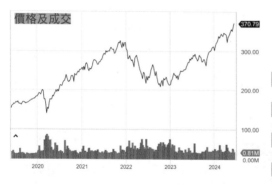

價格及成交

回報	
1個月	6.41%
3個月	7.93%
今年迄今	17.84%
1年	33.99%
3年	10.68%
5年	18.71%

概況

發行人	Vanguard
品牌	Vanguard
結構	ETF
費用率	0.04%
創立日	Jan 26, 2004

歷史回報（%）對基準		VUG	類別
2023		46.83%	36.74%
2022		-33.15%	-29.91%
2021		27.34%	20.45%

交易數據

52 Week Lo	$259.81
52 Week Hi	$365.93
AUM	$129,329.0 M
股數	357.0 M

主題

類別	大型增長股
規格	大盤股
債券期限	增長
地區	北美（一般）
地區	美國（具體）

歷史交易數據

1個月平均量	900,991
3個月平均量	979,254

iShares Russell 1000 Growth ETF（IWF）

本基金是以追求 Russell 1000 Index 績效為目標的 ETF。Russell 1000 Index 乃用以衡量美國大型成長股表現之指數，其市值大約佔 Russell 1000 Index 的一半以上。持股包括：包括蘋果公司、微軟公司、亞馬遜公司、強生公司、埃克森美孚、摩根大通、Facebook、巴郡哈薩威、通用電氣和 AT&T 等。IWF 的費用率為 0.19%，相對低廉。該基金提供季度分紅，過去一年的股息殖利率約 2%。提供了一個低成本、高流動性的方式，投資於美國大型成長型公司。看好科技及新興產業長期發展前景的話，IWF 可作為核心持股之一。

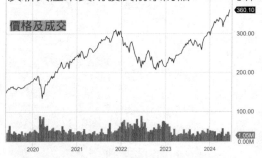

價格及成交

回報	
1個月	5.58%
3個月	7.56%
今年迄今	17.39%
1年	33.51%
3年	11.68%
5年	18.91%

概況

發行人	BlackRock, Inc.
品牌	iShares
結構	ETF
費用率	0.19%
創立日	May 22, 2000

歷史回報（%）對基準		IWF	類別
2023		42.60%	36.74%
2022		-29.31%	-29.91%
2021		27.43%	20.45%

交易數據

52 Week Lo	$255.03
52 Week Hi	$355.47
AUM	$93,071.2 M
股數	265.0 M

主題

類別	大型增長股
商品類別	大盤股
風格	增長
商品	北美（一般）
商品風險	美國（具體）

歷史交易數據

1 個月平均量	1,270,491
3 個月平均量	1,271,178

Schwab U.S. Large-Cap Growth ETF（SCHG）

本基金旨在追踪道瓊斯美國大型成長總股票市場指數。該指數成分股每年會根據一套量化標準進行調整，包括歷史成長紀錄、預期盈餘成長等因素。截至 2024 年 6 月，SCHG 的前十大持股包括微軟、英偉達、蘋果、亞馬遜、Alphabet 等科技龍頭股。SCHG 屬於被動管理的市值加權基金，費用比率極低，僅為 0.04%，使其成為獲取大型成長股敞口的高成本效益方式。

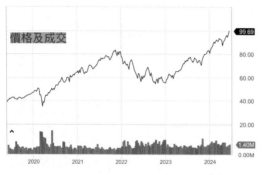

回報	
1個月	5.89%
3個月	8.09%
今年迄今	18.71%
1年	35.68%
3年	12.66%
5年	19.90%

概況	
發行人	Charles Schwab
品牌	Schwab
結構	ETF
費用率	0.04%
創立日	Dec 11, 2009

歷史回報（%）對基準		SCHG	類別
2023		50.11%	36.74%
2022		-31.80%	-29.91%
2021		28.11%	20.45%

交易數據	
52 Week Lo	$69.60
52 Week Hi	$98.38
AUM	$29,348.9 M
股數	301.2 M

主題	
類別	大型增長股
規格	大盤股
風格	增長
地區	北美（一般）
地區	美國（具體）

歷史交易數據	
1 個月平均量	1,131,982
3 個月平均量	1,305,715

SPDR Portfolio S&P 500 Growth ETF（SPYG）

本基金旨在追蹤標普 500 成長指數（S&P 500 Growth Index）的表現。該指數包含了標普 500 指數中被認為具有較高成長潛力的公司，這些公司通常具有較高的市盈率和較強的盈利增長預期。投資組合中包含了標普 500 指數中成長潛力較高的公司，主要持股包括 Apple、Microsoft、Amazon、Alphabet 和 Meta Platforms。

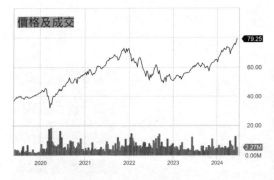

價格及成交

回報	
1個月	8.90%
3個月	10.53%
今年迄今	23.05%
1年	32.99%
3年	10.63%
5年	17.11%

概況	
發行人	State Street
品牌	SPDR
結構	ETF
費用率	0.04%
創立日	Sep 25, 2000

歷史回報（%）對基準	SPYG	類別
2023	30.02%	36.74%
2022	-29.42%	-29.91%
2021	32.01%	20.45%

交易數據	
52 Week Lo	$56.52
52 Week Hi	$78.11
AUM	$28,109.8 M
股數	363.4 M

主題	
類別	大型增長股
規格	大盤股
風格	增長
地區	北美（一般）
地區	美國（具體）

歷史交易數據	
1 個月平均量	2,435,264
3 個月平均量	2,396,469

iShares Core S&P U.S. Growth ETF（IUSG）

　　這是一種旨在追踪 S&P 900 Growth Index 表現的交易所交易基金。該指數由具有成長特徵的大型和中型美國公司組成。該基金的投資組合包含約 350 檔成分股，主要持股包括蘋果、微軟、亞馬遜、Alphabet 和 Nvidia 等科技龍頭股。IUSG 高度傾向於資訊科技、醫療保健和非必需消費品等成長型行業，專注於美國大型成長型公司。從長期表現來看，IUSG 展現出不錯的增長潛力。

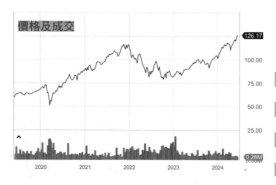

價格及成交		126.17

回報	
1個月	5.82%
3個月	8.34%
今年迄今	19.55%
1年	31.67%
3年	9.52%
5年	16.20%

概況	
發行人	BlackRock, Inc.
品牌	iShares
結構	商品
費用率	0.04%
創立日	Jul 24, 2000

歷史回報（%）對基準		IUSG	類別
2023		29.29%	36.74%
2022		-28.81%	-29.91%
2021		31.26%	20.45%

交易數據	
52 Week Lo	$90.30
52 Week Hi	$124.28
AUM	$18,192.1 M
股數	147.6 M

主題	
類別	大型增長股
規格	大盤股
風格	增長
地區	北美（一般）
地區	美國（具體）

歷史交易數據	
1 個月平均量	324,991
3 個月平均量	425,282

Vanguard Mega Cap Growth ETF（MGK）

本基金採被動式（或稱指數型）的管理方式，以追求 CRSP US Mega Cap Growth Index 表現為投資目標。本基金試圖完全複製來複製 CRSP US Mega Cap Growth Index 包含的所有成份股，並依據該股在指數中所佔的比例來調整投資比重。

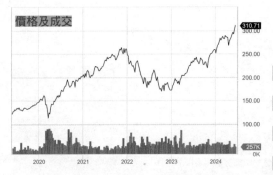

回報	
1個月	7.26%
3個月	8.41%
今年迄今	18.23%
1年	34.74%
3年	11.99%
5年	20.02%

概況	
發行人	Vanguard
品牌	Vanguard
結構	ETF
費用率	0.07%
創立日	Dec 17, 2007

歷史回報（%）對基準		MGK	類別
2023		51.67%	36.74%
2022		-33.59%	-29.91%
2021		28.58%	20.45%

交易數據	
52 Week Lo	$217.51
52 Week Hi	$306.51
AUM	$20,490.5 M
股數	67.6 M

主題	
類別	大型增長股
規格	巨型股
風格	增長
地區	北美（一般）
地區	美國（具體）

歷史交易數據	
1 個月平均量	252,441
3 個月平均量	292,409

VictoryShares Nasdaq Next 50 ETF（QQQN）

　　本基金所追蹤之指數為 Nasdaq Q-50 Index，這是一個市值加權指數，旨在捕捉下一批有資格進入納斯達克指數的 50 支股票的表現。本基金尋求透過將至少 80% 的資產投資於指數中的證券來實現其投資目標。該指數由納斯達克 100 指數（Nasdaq-100 index）所包含的 50 家最大的國內外非金融類公司按市值計算組成。

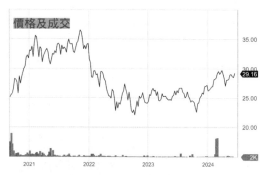

回報	
1個月	2.25%
3個月	-1.95%
今年迄今	6.55%
1年	13.28%
3年	-3.59%
5年	N/A

概況	
發行人	Victory Capital
品牌	VictoryShares
結構	ETF
費用率	0.18%
創立日	Sep 09, 2020

歷史回報（%）對基準		QQQN	類別
2023		13.75%	21.37%
2022		-29.18%	-27.79%
2021		8.31%	13.05%

交易數據	
52 Week Lo	$22.38
52 Week Hi	$29.86
AUM	$23.7 M
股數	0.8 M

主題	
類別	中型增長股
規格	中盤股
風格	增長
地區	北美（一般）
地區	美國（具體）

歷史交易數據	
1個月平均量	4,059
3個月平均量	6,320

iShares S&P 500 Growth ETF（IVW）

本基金旨在追踪 S&P 500 Growth Index 的表現。該指數由 S&P 500 指數中具有成長特徵的公司組成。這些公司通常具有較高的市盈率、較快的盈利增長和較高的股價動能等特徵。截至 2024 年 6 月，IVW 的前十大持股包括蘋果、微軟、亞馬遜、Alphabet 和 NVIDIA 等科技龍頭股。而行業配置主要集中在技術、通信服務和消費週期等行業。

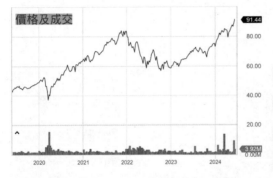

回報	
1個月	6.32%
3個月	8.83%
今年迄今	20.03%
1年	32.05%
3年	9.65%
5年	16.40%

概況	
發行人	BlackRock, Inc.
品牌	iShares
結構	ETF
費用率	0.18%
創立日	May 22, 2000

歷史回報（%）對基準		IVW	類別
2023		29.84%	36.74%
2022		-29.52%	-29.91%
2021		31.80%	20.45%

交易數據	
52 Week Lo	$65.28
52 Week Hi	$90.09
AUM	$50,238.0 M
股數	562.6 M

主題	
類別	大型增長股
規格	大盤股
風格	增長
地區	北美（一般）
地區	美國（具體）

歷史交易數據	
1 個月平均量	3,678,473
3 個月平均量	3,839,265

Vanguard S&P 500 Growth ETF Shares（VOOG）

　　本基金所追蹤之指數為 S&P 500 Growth Index，追求達到和標的指數一樣的投資報酬，投資於美國大型市值成長型公司。主要持股包括微軟、蘋果、NVIDIA、亞馬遜、Meta Platforms、Alphabet Inc. Class A 和 Class C、Eli Lilly & Co.、Broadcom Inc. 和 Tesla Inc.。這些科技和醫療保健巨頭在基金中的權重較高，反映了其在成長股中的重要地位。費用比率為 0.10%，使其成為一個成本效益高的投資選擇。

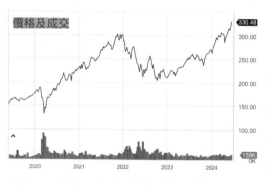

價格及成交	

330.48
300.00
250.00
200.00
150.00
100.00
159K
0K

2020　2021　2022　2023　2024

回報	
1個月	6.46%
3個月	8.99%
今年迄今	20.24%
1年	32.28%
3年	9.78%
5年	16.52%

概況	
發行人	Vanguard
品牌	Vanguard
結構	ETF
費用率	0.10%
創立日	Sep 07, 2010

歷史回報（%）對基準	VOOG	類別
2023	29.96	36.74%
2022	-29.48%	-29.91%
2021	31.95%	20.45%

交易數據	
52 Week Lo	$235.36
52 Week Hi	$325.29
AUM	$11,223.8 M
股數	34.9 M

主題	
類別	大型增長股
規格	大盤股
風格	增長
地區	北美（一般）
地區	美國（具體）

歷史交易數據	
1個月平均量	117,641
3個月平均量	128,548

亞太地區

亞太地區正成為全球 ETF 市場的主要參與者，推動成長的因素有以下幾個：

經濟活力：亞太地區的經濟活力是 ETF 成長的主要動力。中國、印度和東南亞等國家的經濟成長強勁，吸引了投資者對 ETF 的興趣。

主動式 ETF：亞洲的主動式 ETF 市場正在快速擴張。例如，韓國的活躍 ETF 顯著成長，市場資產預計將超過 65 兆韓元（500 億美元）。主動型 ETF 的成長反映了該地區對創新投資產品的需求。

主題和行業 ETF：亞洲對主題和行業 ETF 有濃厚興趣，特別是那些專注於技術和創新的 ETF。現貨比特幣 ETF 在香港等地區的批准預計也將推動成長。主題型和行業型 ETF 為投資者提供了高成長領域的有針對性的投資機會。

監管動態：亞太地區的監管動態也支持 ETF 的成長。例如，香港和澳洲現貨比特幣 ETF 的批准預計將吸引大量投資者的興趣。

5 隻日本最佳股票 ETF

WisdomTree Japan Hedged Equity Fund（DXJ）

DXJ 主要投資於日本大型藍籌股公司，提廣泛覆蓋日本股市，涵蓋各個行業的大、中、小型公司股票，同時透過衍生性工具避險日圓匯率波動。被動式管理，追蹤 WisdomTree Japan Hedged Equity Index。該基金通常將至少 95% 的總資產投資於構成基礎指數的證券和具有與成分證券相同經濟特徵的投資。

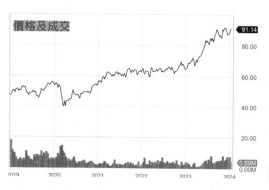

價格及成交

	91.14

回報

1個月	1.71%
3個月	8.57%
今年迄今	25.98%
1年	38.08%
3年	25.05%
5年	21.18%

概況

發行人	WisdomTree
品牌	WisdomTree
結構	ETF
費用率	0.48%
創立日	Jun 16, 2006

主題

類別	日本股
規格	大盤股
風格	混合
地區	亞太發達地區
地區	日本（具體）

歷史回報（%）對基準

	DXJ	類別
2023	42.00%	21.80%
2022	5.93%	-13.08%
2021	17.97%	2.30%

交易數據

52 Week Lo	$78.62
52 Week Hi	$111.65
AUM	$5,096.5 M
股數	46.0 M

歷史交易數據

1 個月平均量	534,439
3 個月平均量	825,585

Xtrackers MSCI Japan Hedged Equity ETF（DBJP）

DBJP 旨在追蹤 MSCI 日本美元避險指數的表現，投資日本股市的同時，也避險日圓兌美元的匯率波動風險。投資組合中共持有 321 檔日本上市公司股票，主要集中在大型股。前五大持股為豐田汽車、索尼、京瓷、東京毫微米及 Recruit Holdings 等知名大型企業。該基金每月使用遠期外匯合約，避險其對日圓兌美元匯率波動的風險敞口。基金的持股分佈在各個行業，重點是代表日本市場的公司。該 ETF 約 97.64% 的資產投資於股票。

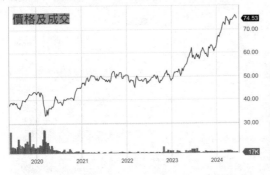

價格及成交

回報	
1個月	2.57%
3個月	7.16%
今年迄今	22.03%
1年	29.27%
3年	18.13%
5年	17.40%

概況

發行人	DWS
品牌	Xtrackers
結構	ETF
費用率	0.47%
創立日	Jun 09, 2011

歷史回報（%）對基準		DBJP	類別
2023		36.35%	21.80%
2022		-4.20%	-13.08%
2021		13.03%	2.30%

交易數據

52 Week Lo	$56.58
52 Week Hi	$76.57
AUM	$433.4 M
股數	5.7 M

主題

類別	日本股
規格	大盤股
商品類型	混合
地區	亞太發達地區
地區	日本（具體）

歷史交易數據

1 個月平均量	16,074
3 個月平均量	28,578

iShares Currency Hedged MSCI Japan ETF（HEWJ）

　　HEWJ 旨在追蹤 MSCI 日本美元避險指數的表現。該指數包含日本大中型股，同時使用遠期外匯合約避險日圓兌美元的匯率風險。HEWJ 投資組合中共持有約 300 檔日本上市公司股票。主要持股包括豐田汽車、索尼、軟銀、富士通和東京電力等知名大型企業。基金持股行業分布相當均衡，工業、資訊科技、非必需消費品和金融等權重較高，為投資人提供一個投資日本股市的管道，同時降低匯率風險。

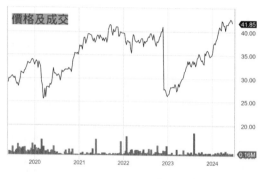

價格及成交

回報	
1個月	2.63%
3個月	7.12%
今年迄今	21.91%
1年	29.55%
3年	18.03%
5年	17.18%

概況

發行人	BlackRock, Inc.
品牌	iShares
結構	ETF
費用率	0.50%
創立日	Jan 31, 2014

歷史回報（%）對基準		HEWJ	類別
2023		36.19%	21.80%
2022		-4.00%	-13.08%
2021		12.78%	2.30%

交易數據

52 Week Lo	$31.79
52 Week Hi	$42.94
AUM	$366.8 M
股數	8.7 M

主題

類別	日本股
規格	大盤股
風格	混合
地區	亞太發達地區
地區	日本（具體）

歷史交易數據

1 個月平均量	110,613
3 個月平均量	155,640

Franklin FTSE Japan Hedged ETF（FLJH）

本基金旨在追蹤富時日本避險指數的表現。該指數包含日本大中型股，同時使用遠期外匯合約避險日圓兌美元的匯率風險。投資組合中持有約500檔日本上市公司股票，主要持股包括豐田汽車、三菱 UFJ 金融集團、索尼等知名大型企業。基金持股行業分布相當均衡，工業、資訊科技、非必需消費品和金融等權重較高。費用率僅 0.09%，屬於低費用水平，為投資者提供了一個低成本、多元化的投資組合。

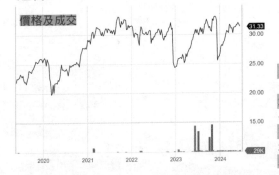

回報	
1個月	2.05%
3個月	7.10%
今年迄今	21.52%
1年	29.61%
3年	18.16%
5年	17.57%

概況	
發行人	Franklin Templeton
品牌	Franklin
結構	ETF
費用率	0.09%
創立日	Nov 02, 2017

歷史回報（%）對基準		FLJH	類別
2023		36.35%	21.80%
2022		-4.20%	-13.08%
2021		13.03%	2.30%

交易數據	
52 Week Lo	$23.77
52 Week Hi	$32.10
AUM	$67.0 M
股數	2.1 M

主題	
類別	日本股
規格	大盤股
商品類型	混合
地區	亞太發達地區
地區	日本（具體）

歷史交易數據	
1 個月平均量	20,557
3 個月平均量	24,843

WisdomTree Japan Hedged SmallCap Equity Fund（DXJS）

　　本基金旨在追蹤 WisdomTree 日本小型股避險指數的表現。該指數包含日本小型股，同時使用遠期外匯合約避險日圓兌美元的匯率風險。投資組合中共持有約 700 檔日本小型股公司股票。主要持股包括 Shoei Co Ltd、Taiyo Yuden Co Ltd、Tsuruha Holdings Inc 等知名小型企業。基金持股行業分布相當均衡，工業、資訊科技、非必需消費品等權重較高。由於採取匯率避險策略，其表現相對於未避險的日本小型股 ETF，可有效規避日圓匯率波動的影響。

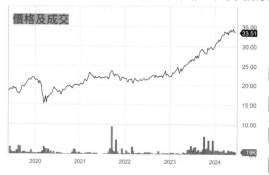

價格及成交

回報	
1個月	-0.53%
3個月	6.70%
今年迄今	14.89%
1年	31.51%
3年	19.00%
5年	15.44%

概況

發行人	WisdomTree
品牌	WisdomTree
結構	ETF
費用率	0.58%
創立日	Jun 28, 2013

主題

類別	日本股
規格	中盤股
風格	混合
地區	亞太發達地區
地區	日本（具體）

歷史回報（%）對基準	DXJS	類別
2023	38.91%	21.80%
2022	4.99%	-13.08%
2021	11.61%	2.30%

交易數據

52 Week Lo	$24.18
52 Week Hi	$34.40
AUM	$74.8 M
股數	2.2 M

歷史交易數據

1 個月平均量	17,630
3 個月平均量	17,175

10 隻台灣最佳股票 ETF

十隻台灣股票型 ETF 的年初至今 (YTD) 回報率：

富邦臺灣中小（**00733**）

本基金追蹤之標的指數為臺灣指數公司中小型 A 級動能 50 指數，採用指數化策略管理投資組合，如遇成分股流動性不足或其他市場因素，或預期標的指數成分股即將異動等情況，經理公司依據標的指數編製規則執行，日後基金持股內容之調整則採被動管理之方式，於指數變動時才予以調整，因此本基金之報酬將貼近標的指數之報酬，風險僅為系統性風險，風險報酬特性鮮明，適合作為各種投資策略之投資元件，以追求貼近標的指數之績效表現。

價格及成交

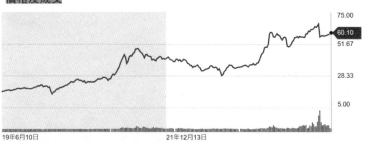

19年6月10日　　　　　　　　　　21年12月13日

概況			回報			
發行人	富邦投信		1個月	0.91%	1年	49.03%
品牌	富邦		3個月	3.29%	3年	19.13%
結構	ETF		今年迄今	11.15%	5年	35.72%
費用率	0.40%		歷史回報（%）對基準		00733	類別
創立日	2018/05/04		2023		72.66%	無
			2022		-15.69%	無
			2021		62.61%	無

主題			交易數據	
類別			52 Week Lo	46.96
規格			52 Week Hi	66.70
風格			資產規模（百萬）	8,511.75
地區	台灣（一般）		成交量（股）	2,827,533
地區	台灣（具體）		1個月平均量	2,217,303

凱基優選高股息 30（00915）

本基金旨在追蹤「臺灣多因子優選高股息 30 指數」，該指數由臺灣指數公司編製，包含 30 家台灣上市和上櫃的高股息公司。該基金採用「完全複製法」來追蹤指數，即完全複製指數中的成分股及其比重。主打高股息，且採季配息，非常適合想長期投資、穩定賺取股息的存股族。採用多因子篩選方法，確保成分股的質量和穩定性。單一成分股佔指數之權重以 8% 為上限，受單一成分股的影響較小。雖然分散投資，但仍然集中於台灣市場，需承擔台灣市場的經濟和政治風險。

價格及成交

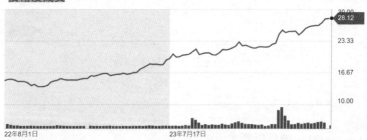

概況	
發行人	凱基投信
品牌	凱基
結構	ETF
費用率	0.25%
創立日	2022/08/01

回報			
1個月	2.24%	1年	63.27%
3個月	18.72%	3年	N/A
今年迄今	21.52%	5年	N/A

歷史回報（%）對基準	00915	類別
2023	61.05%	無
2022	N/A	無
2021	N/A	無

主題	
類別	
規格	
風格	
地區	台灣（一般）
地區	台灣（具體）

交易數據	
52 Week Lo	18.12
52 Week Hi	28.15
資產規模（百萬）	15,149.38
股數	10,959,538
1個月平均量	11,190,867

中信關鍵半導體（00891）

　　本基金旨在追蹤「ICE FactSet 臺灣 ESG 永續關鍵半導體指數」，該指數涵蓋台灣半導體上、中、下游產業鏈的30 家企業。該基金採用「完全複製法」來追蹤指數，即完全複製指數中的成分股及其比重。專注於台灣半導體產業，涵蓋台灣半導體上、中、下游產業鏈，適合喜歡投資半導體的投資者。高股息收益，季配息，提供穩定的現金流。採用多因子篩選方法，確保成分股的質量和穩定性。單一成分股佔指數之權重以 8% 為上限，受單一成分股的影響較小。

價格及成交

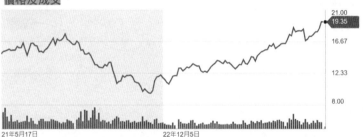

21年5月17日　　　　　　　　　22年12月5日

概況		回報			
發行人	中國信託投信	1個月	6.72%	1年	43.60%
品牌		3個月	4.84%	3年	10.50%
結構	ETF	今年迄今	13.78%	5年	N/A
費用率	0.40%				
創立日	2021/05/20	歷史回報（%）對基準		00891	類別
		2023		59.07%	無
		2022		-36.94%	無
		2021		N/A	無

主題		交易數據	
類別		52 Week Lo	12.74
規格		52 Week Hi	19.44
風格		資產規模（百萬）	18,111.60
地區	台灣（一般）	成交量(股)	7,693,024
地區	台灣（具體）	1個月平均量	10,177,598

大華優利高填息 30 （00918）

　　本基金旨在追蹤「特選臺灣優利高填息 30 指數」，該指數挑選過去四季度營業利益為正、且預估股利率和歷史填息率較高的 30 檔個股，以兼顧優選股利與高填息。該基金採用指數化策略管理投資組合，以追蹤標的指數之績效表現。主打高股息，且採季配息，非常適合想長期投資、穩定賺取股息的存股族。採用多因子篩選方法，確保成分股的質量和穩定性。透過調整單一股權上限 8% 的機制，達到風險分散的效果。

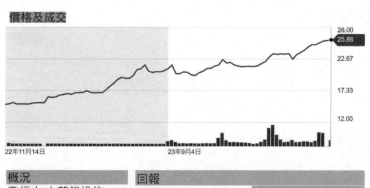

價格及成交

概況	
發行人	大華銀投信
品牌	
結構	ETF
費用率	0.35%
創立日	2022/11/15

回報			
1個月	4.67%	1年	51.66%
3個月	16.36%	3年	N/A
今年迄今	15.94%	5年	N/A

歷史回報（%）對基準	00918	類別
2023	58.18%	無
2022	N/A	無
2021	N/A	無

主題	
類別	
規格	
風格	
地區	台灣（一般）
地區	台灣（具體）

交易數據	
52 Week Lo	19.00
52 Week Hi	25.94
資產規模（百萬）	21,944.45
成交量（股）	48,940,759
1個月平均量	32,650,622

元大高股息（**0056**）

　　本基金旨在追蹤「臺灣高股息指數」，該指數由臺灣證券交易所與英國富時國際有限公司共同合作編製，使用現金股利殖利率加權，從臺灣 50 指數及臺灣中型 100 指數中選取高股息的成分股。該基金採用完全複製法來追蹤指數，即完全複製指數中的成分股及其比重。 主打高股息，且採季配息，非常適合想長期投資、穩定賺取股息的存股族。採用多因子篩選方法，確保成分股的質量和穩定性。透過調整單一股權上限 8% 的機制，達到風險分散的效果。

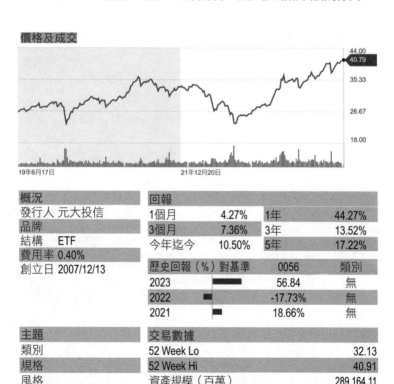

價格及成交

概況	
發行人	元大投信
品牌	
結構	ETF
費用率	0.40%
創立日	2007/12/13

回報			
1個月	4.27%	1年	44.27%
3個月	7.36%	3年	13.52%
今年迄今	10.50%	5年	17.22%

歷史回報（%）對基準	0056	類別
2023	56.84	無
2022	-17.73%	無
2021	18.66%	無

主題	
類別	
規格	
風格	
地區	台灣（一般）
地區	台灣（具體）

交易數據	
52 Week Lo	32.13
52 Week Hi	40.91
資產規模（百萬）	289,164.11
成交量(股)	12,846,134
1個月平均量	19,269,251

新光臺灣半導體 30 （00904）

　　本基金旨在追蹤「臺灣全市場半導體精選 30 指數」，該指數由臺灣證券交易所上市與中華民國證券櫃檯買賣中心上櫃的普通股股票中，依半導體產業分類，選取發行市值前 30 大的股票作為成分公司，每季審核與調整。該基金採用完全複製法來追蹤指數，即完全複製指數中的成分股及其比重。專注於台灣半導體產業，涵蓋台灣半導體上、中、下游產業鏈，適合喜歡投資半導體的投資者。季配息，提供穩定的現金流。單一成分股權重上限 30%，前五大成分股權重總和不得超過 60%，有效分散風險。

價格及成交

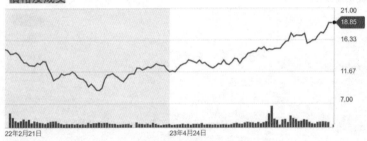

22年2月21日　　　　　　　　23年4月24日

概況		回報			
發行人	新光投信	1個月	6.01%	1年	41.26%
品牌		3個月	6.49%	3年	N/A
結構	ETF	今年迄今	15.14%	5年	N/A
費用率	0.40%				
創立日	2022/02/23	歷史回報（%）對基準		00904	類別
		2023		54.81%	無
		2022		N/A	無
		2021		N/A	無

主題		交易數據	
類別		52 Week Lo	12.06
規格		52 Week Hi	18.92
風格		資產規模（百萬）	1,997.25
地區	台灣（一般）	成交量(股)	1,715,168
地區	台灣（具體）	1 個月平均量	2,157,271

富邦台灣半導體（00892）

　　本基金 旨在追蹤 ICE FactSet 台灣核心半導體指數」，該指數涵蓋台灣半導體產業的 30 家企業。該基金採用「分層市值加權」的方式構建投資組合，確保投資組合內的股票具有較高的市值規模、流動性與獲利能力。提供了一種高股息、低成本且多元化的投資方式，適合希望通過穩定股息收入來實現長期投資目標的投資者。隨著台灣半導體產業的持續成長和盈利能力的提升，00892 可望持續為投資者帶來可觀的現金股利收益。投資者應該注意台灣市場的風險和流動性風險。

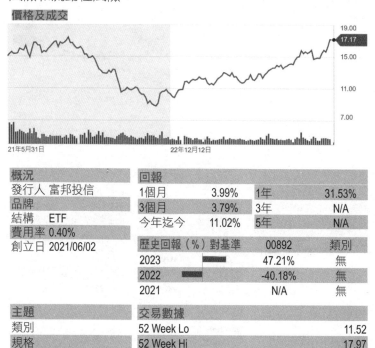

價格及成交

21年5月31日　　　　22年12月12日

概況		回報			
發行人 富邦投信		1個月	3.99%	1年	31.53%
品牌		3個月	3.79%	3年	N/A
結構 ETF		今年迄今	11.02%	5年	N/A
費用率 0.40%					
創立日 2021/06/02		歷史回報（%）對基準		00892	類別
		2023		47.21%	無
		2022		-40.18%	無
		2021		N/A	無

主題		交易數據	
類別		52 Week Lo	11.52
規格		52 Week Hi	17.97
風格		資產規模（百萬）	7,064.10
地區 已開發亞太地區		成交量（股）	3,549,848
地區 台灣（具體）		1個月平均量	4,944,849

元大中型 100（0051）

本基金旨在追蹤「臺灣中型 100 指數」，該指數由臺灣證券交易所與英國富時國際有限公司共同合作編製，挑選臺灣證券交易所上市股票中，臺灣 50 指數成分股以外總市值最大的 100 家公司。該基金採用「完全複製法」來追蹤指數，即完全複製指數中的成分股及其比重，並以「最小追蹤偏離度」為主要目標。涵蓋了台灣市場中市值第 51-150 大的股票，提供對台灣中型企業的廣泛曝光。中小型企業的成長幅度和未來潛力較高，股票上漲幅度也有可能較大型企業高，適合想賺取資本利得的投資者。

價格及成交

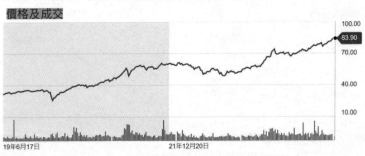

| 19年6月17日 | 21年12月20日 |

概況		回報			
發行人	元大投信	1個月	2.66%	1年	33.91%
品牌		3個月	4.83%	3年	18.34%
結構	ETF	今年迄今	9.37%	5年	25.24%
費用率	0.40%				
創立日	2006/08/24	歷史回報（%）對基準		0051	類別
		2023		48.94%	無
		2022		-11.79%	無
		2021		42.23%	無

主題		交易數據	
類別		52 Week Lo	65.05
規格		52 Week Hi	84.10
風格		資產規模（百萬）	1,573.27
地區	台灣（一般）	成交量（股）	70,743
地區	台灣（具體）	1個月平均量	61,469

群益台灣精選高息（00919）

　　本基金旨在追蹤「臺灣精選高息指數」，該指數由臺灣上市上櫃股票中，經流動性及指標篩選後，依照股利率由高至低排序並篩選出30檔股票。成分股依照股利率加權，輔以流動量指標調整權重，以表彰兼具高股息、獲利能力以及流動性之股票投資組合績效表現。主打高股息，且採季配息，非常適合想長期投資、穩定賺取股息的存股族。該基金在5月精準卡位高息股，12月超前部署隔年股息股價潛力股，布局比別人早一步。採用多因子篩選方法，確保成分股的質量和穩定性。

價格及成交

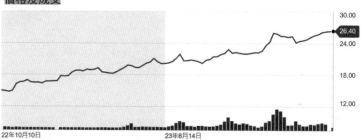

概況	
發行人	群益投信
品牌	
結構	ETF
費用率	0.30%
創立日	2022/10/13

回報			
1個月	3.32%	1年	48.38%
3個月	8.87%	3年	N/A
今年迄今	17.58%	5年	N/A

歷史回報（%）對基準		00919	類別
2023	■■■■■	46.79%	無
2022		N/A	無
2021		N/A	無

主題	
類別	
規格	
風格	
地區	台灣（一般）
地區	台灣（具體）

交易數據	
52 Week Lo	19.10
52 Week Hi	27.01
資產規模（百萬）	206,762.63
成交量(股)	78,738,864
1個月平均量	80,839,736

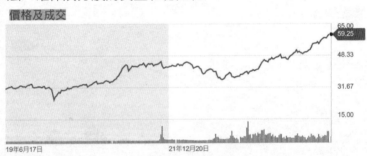

元大台灣高息低波（00713）

本基金旨在追蹤「台灣指數公司特選高股息低波動指數」，該指數從市值前 250 大且流動性佳的上市公司中挑選基本面營運穩健、財報體質佳、現金股利配息率較高且股價波動相對較低的 50 檔股票組合所編製而成。該基金採用完全複製法來追蹤指數，即完全複製指數中的成分股及其比重。 主打高股息，且採半年配息，非常適合想長期投資、穩定賺取股息的存股族。選擇股價波動相對較低的股票，適合風險承受能力較低的投資者。採用多因子篩選方法，確保成分股的質量和穩定性。

價格及成交

65.00
59.25
48.33
31.67
15.00

19年6月17日 　　　　　　　　 21年12月20日

概況		回報			
發行人 元大投信		1個月	2.09%	1年	38.30%
品牌		3個月	13.20	3年	19.15%
結構　ETF		今年迄今	15.56%	5年	21.26%
費用率 0.45%					
創立日 2017/09/19		歷史回報（%）對基準		00713	類別
		2023		46.26%	無
		2022		-7.06%	無
		2021		31.00%	無

主題		交易數據	
類別		52 Week Lo	44.68
規格		52 Week Hi	59.30
風格		資產規模（百萬）	67,152.07
地區	台灣（一般）	成交量（股）	14,637,355
地區	台灣（具體）	1個月平均量	10,030,826

5 隻在美國上市的最佳台灣股票 ETF

9 隻表現最佳國家 ETF

Ishares Msci Taiwan ETF（EWT）

本基金旨在追蹤 MSCI Taiwan 25/50 Index 的表現，該指數由在台灣市場上市的公司組成，包括大中小型公司，約莫涵蓋了台灣市值中前 85% 的股票。該基金提供對台灣經濟的廣泛曝光，並且主要投資於科技、金融、工業和消費者非必需品等行業，提供了成本效益高且方便的方式來獲得台灣市場的市場曝光。EWT 是美國最大的台股 ETF，基金規模達 70 億美元，具有較高的穩定性和市場認可度。然而，投資者應該注意投資台灣市場 ETF 所涉及的風險。

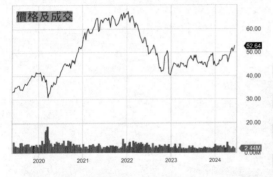

回報	
1個月	6.43%
3個月	8.90%
今年迄今	14.36%
1年	21.54%
3年	3.95%
5年	17.14%

概況	
發行人	BlackRock, Inc.
品牌	iShares
結構	ETF
費用率	0.59%
創立日	Jun 20, 2000

歷史回報（%）對基準		EWT	類別
2023		29.20%	-13.26%
2022		-28.84%	-25.16%
2021		28.94%	-7.44%

交易數據	
52 Week Lo	$38.40
52 Week Hi	$53.01
AUM	$5,021.9 M
股數	97.3 M

主題	
類別	亞太股票
規格	大盤
風格	混合
地區	已開發亞太地區
地區	台灣（具體）

歷史交易數據	
1 個月平均量	2,591,744
3 個月平均量	3,130,598

Franklin FTSE Taiwan ETF（FLTW）

　　本基金旨在追蹤FTSE Taiwan RIC Capped Index的表現，該指數由在台灣市場上市的大型和中型公司組成。該基金至少將 80% 的資產投資於指數中的成分股，提供對台灣經濟的廣泛曝光。FLTW 的費用比率僅為 0.19%，在同類型ETF 中屬於較低水平，有助於提高淨回報。由於專注於台灣市場，投資者需要承擔台灣市場的經濟和政治風險。投資者也需要考慮新台幣與美元之間的匯率波動，這可能會影響最終的投資回報。

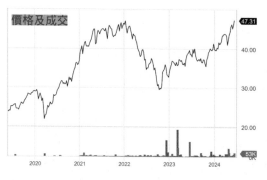

價格及成交

47.31

回報	
1個月	6.09%
3個月	11.45%
今年迄今	16.96%
1年	25.09%
3年	5.98%
5年	18.30%

概況

發行人	Franklin Templeton
品牌	Franklin
結構	ETF
費用率	0.19%
創立日	Nov 02, 2017

主題

類別	亞太股票
規格	大盤
風格	混合
地區	已開發亞太地區
地區	台灣（具體）

歷史回報（%）對基準		FLTW	類別
2023		30.09%	-13.26%
2022		-27.50%	-25.16%
2021		29.50%	-7.44%

交易數據

52 Week Lo	$34.47
52 Week Hi	$47.66
AUM	$221.8 M
股數	4.8 M

歷史交易數據

1 個月平均量	27,0393
3 個月平均量	34,137

Invesco S&P Emerging Markets Low Volatility ETF（EELV）

本基金旨在追蹤 S&P BMI Emerging Markets Low Volatility Index 的表現。該指數包含 S&P Emerging Plus LargeMidCap Index 中波動性最低的 200 只股票。EELV 涵蓋多個行業和國家，分散風險。主要投資於金融、消費必需品、材料、通信服務等行業，通常將至少 90% 的總資產投資於構成指數的公司證券，現時台灣證券權重佔 31.24%。相較於其他新興市場 ETF，EELV 的回報率相對較低。例如，年初至今總回報率為 -1.21%，1 年回報率為 5.51%。

價格及成交

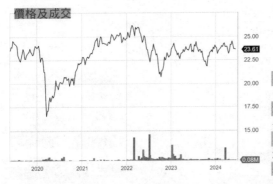

回報	
1個月	-2.73%
3個月	-1.44%
今年迄今	-0.54%
1年	2.36%
3年	2.73%
5年	3.77%

概況	
發行人	Invesco
品牌	Invesco
結構	ETF
費用率	0.29%
創立日	Jan 13, 2012

歷史回報（%）對基準		EELV	類別
2023		8.86%	12.32%
2022		-3.98%	-20.86%
2021		16.16%	0.38%

交易數據	
52 Week Lo	$21.35
52 Week Hi	$24.52
AUM	$444.9 M
股數	18.8 M

主題	
類別	波動性對沖股票
規格	大盤
風格	混合
地區	新興市場
地區	廣泛（具體）

歷史交易數據	
1 個月平均量	71,387
3 個月平均量	237,648

Global X MSCI SuperDividend® EAFE ETF（EFAS）

　　本基金旨在追蹤 MSCI EAFE Top 50 Dividend Index 的表現，該指數選擇並加權於歐洲、澳洲和遠東地區已開發市場中股息收益率最高的 50 家公司，分散投資風險。該基金主要投資於高股息收益率的公司，提供穩定的股息收入，適合尋求穩定現金流的投資者。EFAS 提供了一種專注於高股息收益率公司的投資方式，適合那些尋求穩定收入和多元化投資的投資者。費用比率為 0.56%，相對於其他 ETF 來說較高，這可能會影響淨回報。

價格及成交

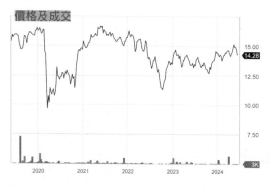

回報	
1個月	-5.35%
3個月	0.05%
今年迄今	0.88%
1年	12.01%
3年	1.39%
5年	4.00%

概況	
發行人	Mirae Asset Global Investments Co., Ltd.
品牌	Global X
結構	ETF
費用率	0.56%
創立日	Nov 14, 2016

主題	
類別	國外大盤股
規格	大盤
風格	多元化
地區	已開發市場
地區	EAFE（具體）

歷史回報（%）對基準		EFAS	類別
2023		14.67%	17.51%
2022		-7.99%	-9.09%
2021		12.74%	11.83%

交易數據	
52 Week Lo	$12.05
52 Week Hi	$15.13
AUM	$11.6 M
股數	0.8 M

歷史交易數據	
1 個月平均量	2,139
3 個月平均量	5,549

VanEck Semiconductor ETF（SMH）

本基金是一個專注於半導體行業的交易所交易基金，旨在複製 MVIS US Listed Semiconductor 25 Index 的價格和收益表現，該指數旨在追蹤參與半導體生產和設備的公司的整體表現。該基金提供對最具流動性的美國上市半導體公司的曝光，根據 MVIS 研究，這些公司是基於市值和交易量進行選擇。須要注意的是，半導體行業的快速變化和競爭可能會對基金的表現產生重大影響，影響基金所投資公司的競爭力和市場地位。

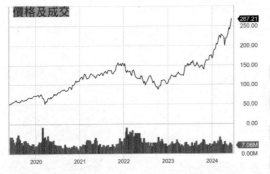

回報	
1個月	17.82%
3個月	19.06%
今年迄今	50.45%
1年	72.68%
3年	28.87%
5年	38.72%

概況	
發行人	VanEck
品牌	VanEck
結構	ETF
費用率	0.35%
創立日	May 05, 2000

主題	
類別	科技股
規格	大盤
風格	增長
地區	新興市場
地區	廣泛（具體）

歷史回報（%）對基準	SMH	類別
2023	73.37%	43.43%
2022	-33.52%	-37.39%
2021	42.14%	15.09%

交易數據	
52 Week Lo	$135.29
52 Week Hi	$264.55
AUM	$22,268.4 M
股數	87.0 M

歷史交易數據	
1 個月平均量	7,104,852
3 個月平均量	7,520,383

9 隻表現最佳國家 ETF

馬來西亞：iShares MSCI Malaysia ETF（EWM）

本基金的主要目標是追蹤 MSCI Malaysia Index 的表現。該指數包括馬來西亞的大型和中型公司，旨在反映馬來西亞股市的整體表現。這使 EWM 特別適合希望獲得馬來西亞股票敞口的投資者。根據最新數據，前十大持股以銀行、電訊、電力、天然氣及船務、航空為主。

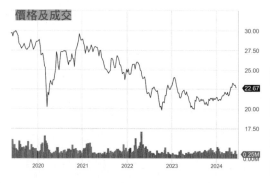

價格及成交

回報	
1個月	1.95%
3個月	4.67%
今年迄今	9.00%
1年	15.76%
3年	-1.22%
5年	-1.33%

概況	
發行人	BlackRock, Inc.
品牌	iShares
結構	ETF
費用率	0.50%
創立日	Mar 12, 1996

歷史回報（%）對基準	EWM	類別
2023	-3.60%	無
2022	-5.98%	無
2021	-7.41%	無

交易數據	
52 Week Lo	$19.19
52 Week Hi	$23.06
AUM	$273.7 M
股數	12.1 M

主題	
類別	亞太股票
規格	大盤
風格	混合
地區	亞太新興市場
地區	馬來西亞

歷史交易數據	
1 個月平均量	299,983
3 個月平均量	346,972

荷蘭：iShares AEX UCITS ETF EUR（Dist）（IAEX.AS）

本基金旨在追蹤 Netherlands AEX-Index 的表現，該指數由在阿姆斯特丹泛歐交易所上市的 25 家最大的荷蘭公司組成。該基金提供對荷蘭市場的廣泛曝光，主要投資於大型股，涵蓋多個行業。IAEX 在過去 5 年的總回報率達到 57.77%，顯示出良好的歷史表現。雖然 IAEX 涵蓋了多個行業，但仍然集中於荷蘭市場，這意味著它可能更容易受到單一市場事件的影響。

價格及成交

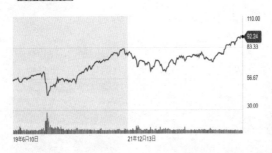

回報	
1個月	3.49%
3個月	7.66%
今年迄今	16.38%
1年	23.55%
3年	10.56%
5年	13.11%

概況	
發行人	BlackRock, Inc.
品牌	iShares
結構	ETF
費用率	0.30%
創立日	Nov 18, 2005

歷史回報（%）對基準	IAEX.AS	類別
2023	16.59%	無
2022	-11.93%	無
2021	30.16%	無

交易數據	
52 Week Lo	$70.90
52 Week Hi	$94.12
AUM	$251.9 M
股數	6.3 M

主題	
類別	新興市場
規格	大盤
風格	混合
地區	荷蘭（一般）
地區	荷蘭（具體）

歷史交易數據	
1 個月平均量	165,726
3 個月平均量	125,894

西班牙：Lyxor IBEX 35 (DR) UCITS ETF（LYXIB.MC）

　　本基金旨在追蹤 IBEX 35 指數的表現，該指數包括 35 家西班牙最大的股票，提供對西班牙經濟的廣泛曝光，涵蓋多個行業。該基金採用實物複製策略，直接持有指數中的成分股。分配型基金提供穩定的股息收益，適合尋求穩定收入的投資者。費用比率僅為 0.30%，在同類型 ETF 中屬於較低水平，有助於提高淨回報。由於專注於西班牙市場，投資者需要承擔該市場的經濟和政治風險，並考慮歐元與其他貨幣的匯率波動，可能會影響最終的投資回報。

價格及成交

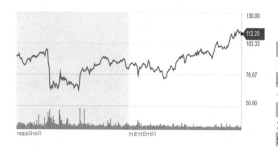

回報	
1個月	4.54%
3個月	15.00%
今年迄今	14.33%
1年	30.34%
3年	11.29%
5年	8.25%

概況

發行人	BlackRock, Inc.
品牌	iShares
結構	ETF
費用率	0.30%
創立日	Jan 19, 2006

主題

類別	西班牙股票
規格	大盤
風格	混合
地區	西班牙（一般）
地區	西班牙（具體）

歷史回報（%）對基準	LYXIB.MC	類別
2023	27.58%	無
2022	-2.44%	無
2021	9.99%	無

交易數據

52 Week Lo	$91.00
52 Week Hi	$117.04
AUM	274.13（million EUR）
股數	1.7 M

歷史交易數據

1 個月平均量	44,500
3 個月平均量	24,736

印度：Nippon India ETF Nifty 50 BeES （NIFTYBEES.NS）

本基金旨在提供與 Nifty 50 指數總回報相近的投資回報，採用被動投資策略，投資於 Nifty 50 指數中的成分股，並按相同比例配置，提供對印度經濟的廣泛曝光，涵蓋多個行業。費用比率僅為 0.04%，在同類型 ETF 中屬於較低水平，有助於提高淨回報。在過去 1 年、3 年和 5 年的總回報率分別為 26.87%、16.09% 和 15.9%，顯示出良好的歷史表現。由於專注於印度市場，投資者需要承擔該市場的經濟和政治風險。

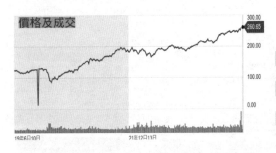

回報	
成立以來	15.84%
1年	25.78%
3年	15.31%
5年	16.90%
10年	15.05%

概況	
發行人	BlackRock, Inc.
品牌	iShares
結構	ETF
費用率	0.04%
創立日	Dec 28, 2001

歷史回報（%）對基準 NIFTYBEES.NS		類別
2023	25.78%	無
2022	45.76%	無
2021	56.52%	無

交易數據	
52 Week Lo	$204.52
52 Week Hi	$265.00
AUM	$251.9 M
股數	6.3 M

主題	
類別	開放式指數交易
規格	大盤
風格	非常高風險
地區	印度（一般）
地區	印度（具體）

歷史交易數據	
1 個月平均量	165,726
3 個月平均量	125,894

日本：Xtrackers MSCI Japan UCITS ETF 1C（XMJD.L）

　　本基金旨在追蹤 MSCI Japan 指數的表現，該指數由在日本市場上市的最大和最具流動性的公司組成。該基金提供對日本經濟的廣泛曝光，主要投資於大型股，提供對日本經濟的廣泛曝光。截至最新數據，持倉包括多個行業，如消費週期性股票、金融服務、地產、防守性消費、醫療保健、公用事業和通訊服務等。費用比率僅為 0.12%，在同類型 ETF 中屬於較低水平，有助於提高淨回報。須注意投資日本市場 ETF 所涉及的單一市場風險和匯率風險。

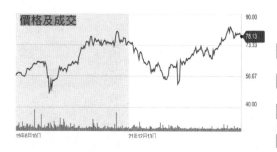

回報	
1個月	-7.33%
3個月	9.06%
今年迄今	7.21%
1年	-6.06%
3年	-16.29%
5年	-3.10%

概況	
發行人	BlackRock, Inc.
品牌	iShares
結構	ETF
費用率	0.12%
創立日	Jan 09, 2007

主題	
類別	日本股票
規格	大盤
風格	混合
地區	日本（一般）
地區	日本（具體）

歷史回報（%）對基準		XMJD.L	類別
2023		20.66%	無
2022		-17.03%	無
2021		0.81%	無

交易數據	
52 Week Lo	$65.49
52 Week Hi	$83.39
AUM	$28.3 M
股數	1.7 M

歷史交易數據	
1 個月平均量	44,500
3 個月平均量	24,736

中國：iShares MSCI China ETF（MCHI）

本基金旨在追蹤 MSCI China Index 的表現，該指數由在中國市場上市的最大和最具流動性的公司組成，涵蓋了中國市場的主要公司，具有較高的市場代表性。該基金提供對中國經濟的廣泛曝光，涵蓋多個行業。提供 **3.63%** 的收益率，對於尋求穩定收入的投資者來說是一個吸引力。

投資者需要承擔該市場的經濟和政治風險，並且考慮人民幣與美元之間的匯率波動，這可能會影響最終的投資回報。

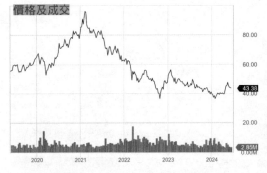

價格及成交

回報	
1個月	-3.57%
3個月	9.44%
今年迄今	6.94%
1年	-3.21%
3年	-17.15%
5年	-3.70%

概況	
發行人	BlackRock, Inc.
品牌	iShares
結構	ETF
費用率	0.59%
創立日	Mar 29, 2011

歷史回報（%）對基準		MCHI	類別
2023		-11.22%	無
2022		-22.76%	無
2021		-21.73%	無

交易數據	
52 Week Lo	$35.43
52 Week Hi	$48.53
AUM	$5,580.3 M
股數	128.8 M

主題	
類別	中國股票
規格	大盤
風格	混合
地區	新興亞太地區
地區	中國（具體）

歷史交易數據	
1 個月平均量	3,068,670
3 個月平均量	3,187,729

英國：iShares Core FTSE 100 UCITS ETF GBP（Dist）

　　本基金旨在追蹤 FTSE 100 指數的表現，該指數由在倫敦證券交易所上市的 100 家最大和最具流動性的公司組成。該基金採用實物複製策略，直接持有指數中的成分股，並按相同比例配置。費用比率僅為 0.07%，在同類型 ETF 中屬於較低水平，有助於提高淨回報。

　　該基金採用分配型策略，季度分配股息，適合尋求穩定收入的投資者。

價格及成交

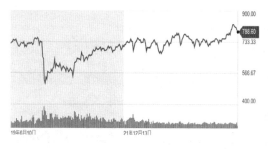

回報	
1個月	2.06%
3個月	9.89%
今年迄今	8.97%
1年	15.41%
3年	9.61%
5年	6.75%

概況	
發行人	BlackRock, Inc.
品牌	iShares
結構	ETF
費用率	0.07%
創立日	Apr 27, 2000

主題	
類別	英國股票
規格	大盤
風格	混合
地區	英國（一般）
地區	英國（具體）

歷史回報（%）對基準		ISF.L	類別
2023		7.76%	無
2022		4.87%	無
2021		17.67%	無

交易數據	
52 Week Lo	$704.84
52 Week Hi	$833.00
AUM	$28.3 M
股數	1.7 M

歷史交易數據	
1 個月平均量	44,500
3 個月平均量	24,736

德國：Global X DAX Germany ETF（DAX）

本基金旨在追蹤 DAX 指數的表現，該指數由在法蘭克福證券交易所上市的 40 家最大和最具流動性的公司組成。該基金採用實物複製策略，直接持有指數中的成分股。該基金提供對德國經濟的廣泛曝光，涵蓋多個行業。費用比率為 0.20%，在過去五年的回報率為 7.24%，表明該 ETF 在過去五年中提供了穩定的回報，適合希望通過投資德國市場來獲得穩定回報的投資者。

價格及成交

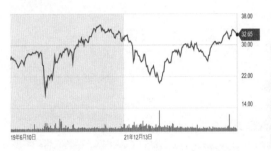

回報	
1個月	4.41%
3個月	4.48%
今年迄今	7.92%
1年	19.38%
3年	1.31%
5年	8.30%

概況	
發行人	BMirae Asset Global Investments Co., Ltd.
品牌	Global X
結構	ETF
費用率	0.20%
創立日	Oct 22, 2014

主題	
類別	德國股票
規格	大盤
風格	混合
地區	德國（一般）
地區	德國（具體）

歷史回報（%）對基準		DAX	類別
2023		23.65%	無
2022		-18.45%	無
2021		7.72%	無

交易數據	
52 Week Lo	$25.90
52 Week Hi	$34.25
AUM	$70.3 M
股數	2.2 M

歷史交易數據	
1 個月平均量	11,290
3 個月平均量	17,586

巴基斯坦：Global X MSCI Pakistan ETF（PAK）

本基金旨在追蹤 MSCI All Pakistan Select 25/50 Index 的表現，該指數選擇並加權於巴基斯坦市場中市值最大且流動性最強的公司。該基金至少將 80% 的總資產投資於指數中的成分股和美國存託憑證（ADRs）。PAK 提供 6.55% 的高股息收益率，對於尋求穩定收入的投資者來說是一個吸引力。市盈率（TTM）僅為 4.92，表明成分股相對便宜，具有潛在的價值投資機會。短期波動性較高，5 日波動率達到 209.88%，這可能會對短期投資者造成較大影響。

價格及成交

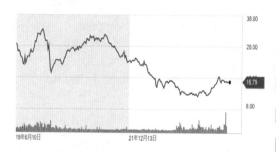

回報	
1個月	-2.55%
3個月	7.61%
今年迄今	0.84%
1年	32.83%
3年	-12.21%
5年	-9.09%

概況	
發行人	BMirae Asset Global Investments Co., Ltd.
品牌	Global X
結構	ETF
費用率	0.80%
創立日	Apr 22, 2015

主題	
類別	亞太股票
規格	大盤
風格	混合
地區	中東
地區	巴基斯坦

歷史回報（%）對基準		PAK	類別
2023		18.49%	無
2022		-28.76%	無
2021		-14.66%	無

交易數據	
52 Week Lo	$11.24
52 Week Hi	$18.08
AUM	$28.3 M
股數	1.7 M

歷史交易數據	
1 個月平均量	44,500
3 個月平均量	24,736

第二章
2024 年表現最佳的 ETF

Vanguard Information Technology ETF（VGT）

VGT 追蹤 MSCI US Investable Market Information Technology 25/50 Index。該指數由 MSCI 編制，涵蓋美國大型市值和中型市值的資訊科技公司。投資組合涵蓋了廣泛的資訊科技領域，包括軟體、硬體、半導體、電子商務、雲計算等。該基金完全專注於美股，三隻證券佔基金的 25%，儘管該基金總共持有超過 425 隻證券。其較低的費用比率（0.10%）和良好的業績記錄使其成為追捧的選擇。

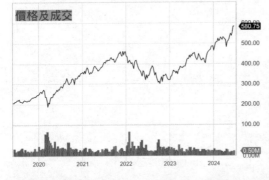

價格及成交	

580.75

回報	
1個月	10.57%
3個月	14.48%
今年迄今	21.95%
1年	35.00%
3年	15.90%
5年	24.53%

概況	
發行人	Vanguard
品牌	Vanguard
結構	ETF
費用率	0.10%
創立日	Jan 26, 2004

歷史回報（%）對基準		VGT	類別
2023		52.65%	43.43%
2022		-29.70%	-37.39%
2021		30.45%	15.09%

交易數據	
52 Week Lo	$396.16
52 Week Hi	$590.18
AUM	$74,248.5 M
股數	128.2 M

主題	
類別	科技股
規格	大盤
風格	增長
地區	北美（一般）
地區	美國（具體）

歷史交易數據	
1 個月平均量	400,286
3 個月平均量	404,694

ARK Innovation ETF（ARKK）

　　ARKK 追蹤的指數是 ARK Innovation ETF Index，是 ARK Invest 發行的主動型 ETF。該指數旨在追蹤與破壞性創新相關的股票表現。ARKK 的投資策略是投資具有「破壞性創新」潛力的科技公司，即能夠顛覆傳統產業，並創造出新的市場和需求的技術。ARKK 的投資組合涵蓋了廣泛的創新領域，包括人工智慧、基因組學、機器人技術、能源儲存等。

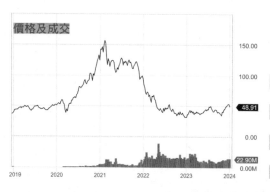

價格及成交

回報	
1個月	-10.62%
3個月	31.50%
今年迄今	-9.53%
1年	25.45%
3年	-30.92%
5年	3.70%

概況

發行人	ARK Investment Management LP
品牌	ARK
結構	ETF
費用率	0.75%
創立日	Oct 31, 2014

主題

類別	所有大盤股票
規格	股票
風格	多元股
地區	北美（一般）
地區	美國（具體）

歷史回報（%）對基準		ARKK	類別
2023		67.64%	無
2022		-66.97%	無
2021		-23.38%	無

交易數據

52 Week Lo	$33.76
52 Week Hi	$54.52
AUM	$7,815.0 M
股數	168.9 M

歷史交易數據

1 個月平均量	8,396,900
3 個月平均量	10,762,123

iShares Exponential Technologies ETF（XT）

　　XT 追蹤 Morningstar Exponential Technologies Index，該指數由創造或使用指數技術的發達和新興市場公司組成。該指數鎖定了九個潛在的技術主題，這些主題有可能為生產和使用它們的公司帶來顯著的經濟效益，包括雲計算。XT 追蹤的指數包括許多成長型公司，具有較高的增長潛力。持有來自不同科技領域的股票，有助於降低風險。

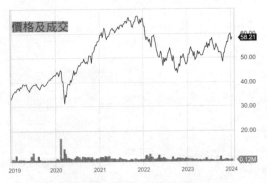

價格及成交

回報	
1個月	-0.29%
3個月	0.47%
今年迄今	-1.23%
1年	5.53%
3年	-1.28%
5年	10.55%

概況	
發行人	Blackrock Financial Management
品牌	iShares
結構	ETF
費用率	0.46%
創立日	Mar 19, 2015

主題	
類別	大型增長股
規格	大盤股
風格	混合
地區	已開發市場
地區	廣泛（具體）

歷史回報（%）對基準		XT	類別
2023		27.03%	無
2022		-27.82%	無
2021		16.43%	無

交易數據	
52 Week Lo	$48.01
52 Week Hi	$60.67
AUM	$3,379.6 M
股數	58.1 M

歷史交易數據	
1 個月平均量	116,070
3 個月平均量	121,197

Global X Cloud Computing ETF Global X Cloud Computing ETF（CLOU）

　　本基金是一個專注於雲計算行業的交易所交易基金（ETF），旨在追蹤 Indxx Global Cloud Computing Index 的表現。該指數由從事雲計算業務的公司組成。這些公司包括但不限於提供基礎設施即服務（IaaS）、平台即服務（PaaS）、軟件即服務（SaaS）以及數據中心和雲端存儲解決方案的公司。要注意的是，雲計算技術的快速發展和變化可能會影響基金所投資公司的競爭力和市場地位。

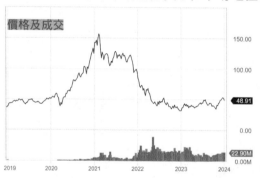

價格及成交

回報	
1個月	-6.67%
3個月	-10.79%
今年迄今	-15.36%
1年	-4.77%
3年	-10.71%
5年	4.83%

概況

發行人	Mirae Asset Global Investments Co., Ltd.
品牌	Global X
結構	ETF
費用率	0.68%
創立日	Apr 12, 2019

主題

類別	科技股
規格	大盤股
風格	多元化
地區	北美（一般）
地區	美國（具體）

歷史回報（%）對基準		CLOU	類別
2023		41.36%	43.43%
2022		-39.56%	-37.39%
2021		-3.29%	15.09%

交易數據

52 Week Lo	$17.26
52 Week Hi	$23.67
AUM	$447.2 M
股數	22.6 M

歷史交易數據

1個月平均量	168,230
3個月平均量	230,255

Global X MSCI Argentina ETF（ARGT）

本基金是一個專注於阿根廷市場的交易所交易基金，旨在追蹤 MSCI All Argentina 25/50 Index 的表現。該指數代表了阿根廷股票市場的整體表現。ARGT 投資於阿根廷市場中最大且流動性最強的證券，提供對阿根廷經濟的廣泛曝光。

其低費用比率和被動管理使其成為追求阿根廷市場增長潛力的投資者的理想選擇。然而，阿根廷市場的經濟和政治不穩定性可能也會對基金的表現產生重大影響。

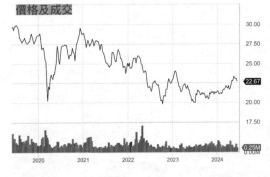

價格及成交

回報	
1個月	-9.80%
3個月	13.01%
今年迄今	11.86%
1年	29.85%
3年	23.86%
5年	14.44%

概況	
發行人	Mirae Asset Global Investments Co., Ltd.
品牌	Global X
結構	ETF
費用率	0.59%
創立日	Mar 02, 2011

主題	
類別	拉丁美洲股票
規格	中盤
風格	混合
地區	拉丁美洲
地區	阿根廷

歷史回報（%）對基準	ARGT	類別
2023	53.66%	無
2022	11.81%	無
2021	3.82%	無

交易數據	
52 Week Lo	$37.39
52 Week Hi	$65.82
AUM	$307.7 M
股數	5.3 M

歷史交易數據	
1 個月平均量	294,781
3 個月平均量	181,275

iShares MSCI Turkey ETF（TUR）

本基金專注於土耳其市場，旨在追蹤 MSCI Turkey Investable Market Index 的表現，該指數由在土耳其市場上市的公司組成，涵蓋了大中小型公司，提供對土耳其經濟的廣泛曝光，主要投資於金融、工業、消費者非必需品和能源等行業。TUR 提供了成本效益高且方便的方式來獲得土耳其市場的市場曝光。其低費用比率和被動管理使其成為尋求土耳其市場增長潛力的投資者的理想選擇。然而，投資者應該注意投資土耳其市場 ETF 所涉及的風險。

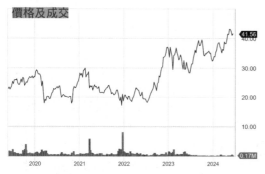

價格及成交

回報	
1個月	-0.87%
3個月	12.90%
今年迄今	26.86%
1年	43.08%
3年	23.64%
5年	15.40%

概況

發行人	BlackRock, Inc.
品牌	iShares
結構	ETF
費用率	0.59%
創立日	Mar 26, 2008

主題

類別	新興市場
規格	大盤
風格	混合
地區	北美（一般）
地區	美國（具體）

歷史回報（%）對基準		TUR	類別
2023		-8.66%	無
2022		105.81%	無
2021		-27.48%	無

交易數據

52 Week Lo	$26.99
52 Week Hi	$43.87
AUM	$251.9 M
股數	6.3 M

歷史交易數據

1 個月平均量	165,726
3 個月平均量	125,894

iShares MSCI Emerging Markets ETF（EEM）

這是一支旨在追蹤 MSCI 新興市場指數（MSCI Emerging Markets Index）表現的交易所交易基金。該指數包括新興市場國家的大型和中型公司股票，旨在反映這些市場的整體表現。EEM 的投資組合主要由新興市場國家的股票組成。根據最新數據，前五大持股包括：台灣積體電路製造公司（8.69%）、騰訊控股有限公司（4.26%）、三星電子有限公司（3.48%）、阿里巴巴集團控股有限公司（2.17%）、信實工業股份有限公司（1.42%）。

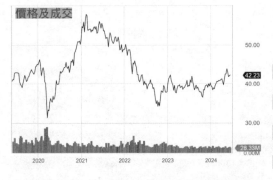

回報	
1個月	-0.07%
3個月	2.68%
今年迄今	5.62%
1年	6.48%
3年	-6.42%
5年	2.72%

概況	
發行人	BlackRock, Inc.
品牌	iShares
結構	ETF
費用率	0.70%
創立日	Apr 07, 2003

歷史回報（%）對基準	EEM	類別
2023	8.99%	12.32%
2022	-20.56%	-20.86%
2021	-3.62%	0.38%

交易數據	
52 Week Lo	$35.46
52 Week Hi	$43.57
AUM	$18,845.3 M
股數	446.0 M

主題	
類別	新興市場股票
規格	多元化
風格	混合
地區	新興市場
地區	廣泛

歷史交易數據	
1 個月平均量	28,683,368
3 個月平均量	27,886,740

Vanguard FTSE Emerging Markets ETF（VWO）

本基金是一個專注於新興市場股票的交易所交易基金，旨在追蹤 FTSE Emerging Markets All Cap China A Inclusion Index 的表現。該指數涵蓋了來自全球新興市場國家的大型、中型和小型公司的股票，包括中國 A 股，，持有一個廣泛多樣化的證券組合，這些證券在總體上近似於指數的主要特徵。

其低費用比率和被動管理使其成為那些希望多元化投資組合並尋求新興市場增長潛力的投資者的理想選擇。

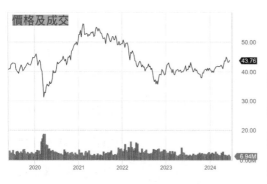

價格及成交	
	43.76

回報	
1個月	0.41%
3個月	3.43%
今年迄今	6.27%
1年	8.48%
3年	-4.07%
5年	4.34%

概況	
發行人	Vanguard
品牌	Vanguard
結構	ETF
費用率	0.08%
創立日	Mar 04, 2005

歷史回報（%）對基準	VWO	類別
2023	9.27%	12.32%
2022	-17.99%	-20.86%
2021	1.30%	0.38%

交易數據	
52 Week Lo	$36.64
52 Week Hi	$44.97
AUM	$78,699.1 M
股數	1,799.3 M

主題	
類別	新興市場股票
規格	大盤
風格	混合
地區	新興市場
地區	廣泛

歷史交易數據	
1個月平均量	7,805,557
3個月平均量	9,057,620

Schwab Emerging Markets Equity ETF（SCHE）

　　本基金 是一個專注於新興市場股票的交易所交易基金（ETF），旨在追蹤 FTSE Emerging Index 的表現，提供了一種成本效益高且方便的方式來獲得新興市場股票的市場曝光。其低費用比率和被動管理使其成為那些希望多元化投資組合並尋求新興市場增長潛力的投資者的理想選擇。SCHE 的管理費用較低，適合長期投資者；通過持有多家新興市場公司的股票，分散單一公司的風險。然而，新興市場的股票價格波動較大，投資者需要承擔較高的市場風險。

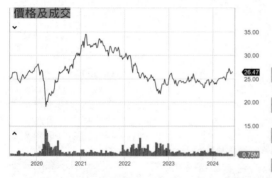

價格及成交

回報	
1個月	-0.07%
3個月	2.68%
今年迄今	5.62%
1年	6.48%
3年	-6.42%
5年	2.72%

概況

發行人	Charles Schwab
品牌	Schwab
結構	ETF
費用率	0.11%
創立日	Jan 14, 2010

主題

類別	新興市場股票
規格	多元化
風格	混合
地區	新興市場
地區	廣泛

歷史回報（%）對基準		SCHE	類別
2023		8.93%	12.32%
2022		-17.82%	-20.86%
2021		-0.67%	0.38%

交易數據

52 Week Lo	$22.12
52 Week Hi	$27.23
AUM	$8,799.0 M
股數	333.8 M

歷史交易數據

1 個月平均量	733,561
3 個月平均量	925,585

Global X Copper Miners ETF（COPX）

本基金是一個專注於銅礦業的交易所交易基金，旨在追蹤 Solactive Global Copper Miners Total Return Index 的價格和收益表現。該基金至少將 80% 的資產投資於指數中的證券及其相應的美國存託憑證（ADRs）和全球存託憑證（GDRs）。COPX 提供了一種成本效益高且方便的方式來獲得銅礦業的市場曝光。其低費用比率和被動管理，使其成為那些希望多元化投資組合並對沖通脹風險的投資者的理想選擇。

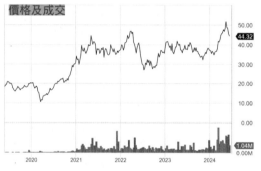

價格及成交

回報	
1個月	-7.44%
3個月	16.53%
今年迄今	18.43%
1年	15.79%
3年	6.01%
5年	20.04%

概況

發行人	Mirae Asset Global Investments Co., Ltd.
品牌	Global X
結構	ETF
費用率	0.65%
創立日	Apr 19, 2010

主題

類別	材料
規格	多元化
風格	混合
地區	全球
地區	廣泛

歷史回報（%）對基準

	COPX	類別
2023	8.40%	12.32%
2022	-0.71%	-20.86%
2021	23.39%	0.38%

交易數據

52 Week Lo	$31.33
52 Week Hi	$52.90
AUM	$2,611.3 M
股數	57.5 M

歷史交易數據

1個月平均量	2,038,613
3個月平均量	1,752,339

United States Natural Gas Fund LP（UNG）

　　本基金是一個專注於天然氣的交易所交易基金，旨在追蹤天然氣期貨價格的百分比變動。UNG 的主要投資目標是反映 Henry Hub 天然氣現貨價格的變動，通過投資於天然氣期貨合約以及其他天然氣相關的投資工具來實現這一目標。該基金主要投資於在紐約商品交易所（NYMEX）交易的天然氣期貨合約，並可能投資於其他天然氣相關的期貨、遠期和掉期合約，適合那些希望投資於天然氣市場但不想直接參與期貨交易的投資者。

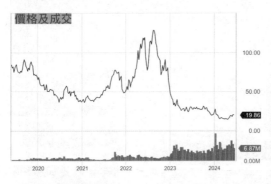

回報	
1個月	5.45%
3個月	26.64%
今年迄今	-5.52%
1年	-33.38%
3年	-25.16%
5年	-25.19%

概況	
發行人	Marygold
品牌	Concierge Technologies
結構	ETF
費用率	1.06%
創立日	Apr 18, 2007

主題	
類別	石油和天然氣
資產類別	商品
商品類型	天然氣
商品風險	基於期貨的

歷史回報（%）對基準		UNG	類別
2023		-64.04%	-4.28%
2022		12.89%	6.25%
2021		35.76%	18.40%

交易數據	
52 Week Lo	$13.86
52 Week Hi	$32.32
AUM	$781.7 M
股數	37.4 M

歷史交易數據	
1 個月平均量	8,620,530
3 個月平均量	7,475,768

SPDR Gold Shares（GLD）

　　本基金是一個專注於黃金的交易所交易基金，旨在反映黃金價格的表現，提供投資者一種簡單且成本效益高的方法來獲得黃金的市場曝光。該基金持有實物黃金，並且其資產主要由 HSBC Bank USA, N.A. 代表基金持有。投資者通過購買 GLD ETF，間接持有黃金，這使得投資者能夠從黃金價格的變動中受益，而不需要擔心實物黃金的儲存和保險問題，適合希望通過多元化的黃金相關投資組合來獲得市場曝光，特別是尋求對沖經濟衰退和通脹風險的投資者。

價格及成交

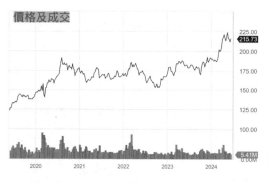

回報	
1個月	-2.62%
3個月	6.60%
今年迄今	11.40%
1年	17.90%
3年	6.61%
5年	11.10%

概況	
發行人	World Gold Council
品牌	SPDR
結構	ETF
費用率	0.40%
創立日	Nov 18, 2004

主題	
類別	貴金屬
資產類別	商品
商品類型	貴金屬
商品風險	物理支持

歷史回報（%）對基準		GLD	類別
2023	■	12.69%	-4.28%
2022		-0.77%	6.25%
2021		-4.15%	18.40%

交易數據	
52 Week Lo	$168.30
52 Week Hi	$225.66
AUM	$61,997.7 M
股數	288.1 M

歷史交易數據	
1 個月平均量	5,982,870
3 個月平均量	8,135,965

iShares Silver Trust（SLV）

本基金是一個專注於銀的 ETF，旨在反映銀價的表現，提供投資者一種簡單且成本效益高的方法來獲得銀的市場曝光。該基金持有實物銀，並且其資產主要由 JPMorgan Chase 代表基金持有。SLV 適合那些希望通過多元化的銀相關投資組合來獲得市場曝光的投資者。其低費用比率和被動管理，使其成為希望多元化投資並對沖通脹風險的投資者的理想選擇。投資者應該注意投資銀 ETF 所涉及的風險，並仔細考慮其投資目標和風險承受能力。

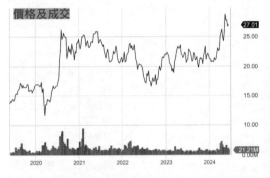

價格及成交

回報	
1個月	2.56%
3個月	19.65%
今年迄今	21.35%
1年	20.30%
3年	0.71%
5年	13.81%

概況

發行人	BlackRock, Inc.
品牌	iShares
結構	ETF
費用率	0.50%
創立日	Apr 21, 2006

歷史回報（%）對基準	SLV	類別
2023	-1.09%	-4.28%
2022	2.37%	6.25%
2021	-12.45%	18.40%

交易數據

52 Week Lo	$18.97
52 Week Hi	$29.56
AUM	$12,622.9 M
股數	470.3 M

主題

類別	貴金屬
資產類別	商品
商品類型	貴金屬
商品風險	物理支持

歷史交易數據

1 個月平均量	28,798,574
3 個月平均量	31,665,364

iShares S&P GSCI Commodity-Indexed Trust（GSG）

　　本基金旨在追蹤由多元化商品期貨組成的指數。GSG 旨在追蹤 S&P GSCI Total Return Index 的結果，該指數由多元化的商品期貨組成。持有的期貨合約的結算價值基於 S&P GSCI-ER 的水平，並且完全抵押。由於基金持有的期貨合約基於商品價格，因此商品價格的波動會直接影響基金的表現。GSG 提供了一種針對多元化商品期貨的投資方法，適合那些希望通過多元化的商品期貨投資組合來獲得市場曝光的投資者。該 ETF 由 iShares 管理。

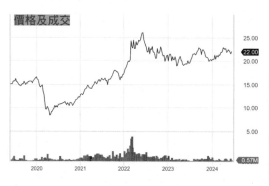

價格及成交

回報	
1個月	0.05%
3個月	3.38%
今年迄今	9.67%
1年	14.40%
3年	11.24%
5年	8.34%

概況

發行人	BlackRock, Inc.
品牌	iShares
結構	ETF
費用率	0.75%
創立日	Jul 10, 2006

主題

類別	商品
資產類別	商品
商品類型	多元化
商品風險	基於期貨的

歷史回報（%）對基準		GSG	類別
2023		-5.51%	-5.56%
2022		24.08%	15.74%
2021		38.77%	29.74%

交易數據

52 Week Lo	$19.03
52 Week Hi	$23.08
AUM	$1,106.4 M
股數	50.2 M

歷史交易數據

1 個月平均量	504,913
3 個月平均量	516,528

First Trust NASDAQ Clean Edge Green Energy Index Fund（QCLN）

　　本基金專注於低碳能源和清潔技術，其目標是追蹤 MVIS Global Low Carbon Energy Index 指數。QCLN 主要投資於低碳能源和清潔技術相關的公司，這些公司包括但不限於可再生能源、生物燃料、電動車和其他與低碳經濟相關的企業。該基金旨在提供對低碳能源行業的廣泛曝光，並支持全球向低碳經濟的轉型，適合那些希望通過多元化的低碳能源相關公司投資組合來獲得市場曝光的投資者。

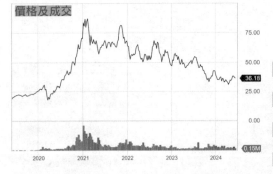

價格及成交

回報	
1個月	10.30%
3個月	8.10%
今年迄今	-11.12%
1年	-26.83%
3年	-16.40%
5年	13.66%

概況	
發行人	First Trust
品牌	First Trust
結構	ETF
費用率	0.59%
創立日	Feb 08, 2007

主題	
類別	替代能源股票股
規格	多元股
風格	混合
地區	北美（一般）
地區	美國（具體）

歷史回報（%）對基準		QCLN	類別
2023		-10.03%	無
2022		-30.37%	無
2021		-3.21%	無

交易數據	
52 Week Lo	$29.95
52 Week Hi	$57.02
AUM	$794.8 M
股數	20.8 M

歷史交易數據	
1 個月平均量	176,230
3 個月平均量	174,035

First Trust North American Energy Infrastructure Fund（ISUN.L）

本基金是一個主動管理的 ETF，專注於北美能源基礎設施領域。該基金投資於能源基礎設施公司，包括但不限於石油和天然氣的運輸、儲存和分配公司。該基金被分類為「非多元化」，這意味著它可能將相對高比例的資產投資於有限數量的發行人，從而可能更容易受到單一不利經濟或監管事件的影響，並且可能經歷更大的波動性。投資者應該注意能源基礎設施市場的風險和匯率風險。

價格及成交

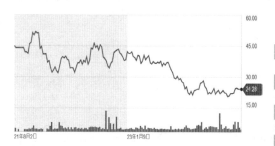

回報	
1個月	18.76%
3個月	11.50%
今年迄今	-9.87%
1年	-31.13%
3年	N/A
5年	N/A

概況	
發行人	First Trust
品牌	First Trust
結構	ETF
費用率	0.69%
創立日	Aug 02, 2012

歷史回報（%）對基準	ISUN.L	類別
2023	-25.55%	無
2022	-7.51%	無

交易數據	
52 Week Lo	$20.46
52 Week Hi	$38.75
AUM	$2,281.6 M
股數	84.4M

主題	
類別	替代能源股票股
規格	多元股
風格	混合
地區	北美（一般）
地區	美國（具體）

歷史交易數據	
1 個月平均量	269,845
3 個月平均量	250,967

Sprott Uranium Miners ETF（URNM）

URNM 旨在追蹤那些至少將 50% 的資產投資於 North Shore Global Uranium Mining Index（URNMX），以及持有實物鈾、擁有鈾版稅，或從事其他支持鈾礦業的非礦業活動的公司。通常將至少 80% 的總資產投資於構成指數的證券。隨著鈾價格波動，提供高風險、高報酬的潛力。鈾的長期前景繼續看好，因為多個國家認識到核能在減少排放中的關鍵作用。

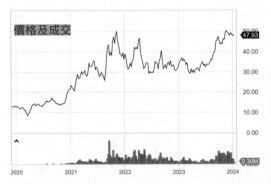

價格及成交

回報	
1個月	-8.25%
3個月	5.50%
今年迄今	4.87%
1年	50.62%
3年	18.45%
5年	N/A

概況

發行人	Sprott
品牌	Sprott
結構	ETF
費用率	0.75%
創立日	Dec 03, 2019

主題

類別	大宗商品生產商股票
規格	多元股
風格	混合
地區	已開發市場
地區	廣泛（具體）

歷史回報（%）對基準

		URNM	類別
2023		52.08%	無
2022		-11.86%	無
2021		78.74%	無

交易數據

52 Week Lo	$27.20
52 Week Hi	$58.15
AUM	$1,880.0 M
股數	35.2 M

歷史交易數據

1 個月平均量	462,981
3 個月平均量	499,258

First Trust North American Energy Infrastructure Fund （EMLP）

主動管理的 ETF，投資北美地區的 MLP（業主有限合夥）、加拿大收入信託、管道公司和公用事業公司，這些公司至少一半的收入來自能源基礎設施資產（包括管道、儲罐和輸電）的營運。

EMLP 投資於各種實體，包括 MLP、管道公司、管制公用事業、多元化公用事業、YieldCo 和石油服務與設備服務，無需 K-1 申報。

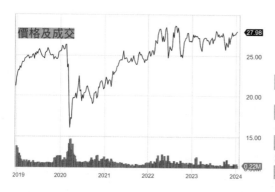

回報	
1個月	-2.37%
3個月	6.08%
今年迄今	9.80%
1年	15.10%
3年	9.59%
5年	7.76%

概況	
發行人	First Trust
品牌	First Trust
結構	ETF
費用率	0.95%
創立日	Jun 21, 2012

歷史回報（%）對基準		EMLP	類別
2023		8.02%	無
2022		10.39%	無
2021		23.18%	無

交易數據	
52 Week Lo	$24.20
52 Week Hi	$28.21
AUM	$2,281.6 M
股數	84.4M

主題	
類別	MLPs
規格	多元股
風格	混合
地區	北美（一般）
地區	美國（具體）

歷史交易數據	
1 個月平均量	167,629
3 個月平均量	177,334

Simplify Interest Rate Hedge ETF（PFIX）

　　本基金旨在對沖長期利率上升風險，並在固定收益波動性增加時受益的。該基金持有大量場外交易（OTC）利率期權，這些期權旨在提供對利率大幅上升和利率波動的直接和透明的凸性敞口。PFIX 通過持有長期美國國債的長期看跌期權來實現其對沖策略，這些期權通常僅對機構投資者開放，提供了一種簡單且透明的利率對沖方式，適合那些希望在利率波動和市場壓力下保護其投資組合的投資者。該 ETF 由 Simplify Asset Management 管理。

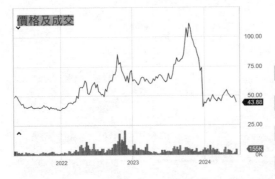

回報	
1個月	-10.43%
3個月	-0.94%
今年迄今	12.64%
1年	-28.13%
3年	0.87%
5年	N/A

概況	
發行人	Simplify
品牌	Simplify
結構	ETF
費用率	0.50%
創立日	May 10, 2021

歷史回報（%）對基準		PFIX	類別
2023		5.58%	2.82%
2022		92.04%	-8.98%

交易數據	
52 Week Lo	$37.42
52 Week Hi	$112.96
AUM	$148.2 M
股數	3.0 M

主題	
類別	對沖基金
規格	備擇方案
風格	增長
地區	北美（一般）
地區	美國（具體）

歷史交易數據	
1 個月平均量	82,561
3 個月平均量	97,583

VanEck Digital Transformation ETF（DAPP）

　　本基金是專注於數位資產和區塊鏈技術的 ETF，目標是追蹤 MVIS Global Digital Assets Equity Index 指數。DAPP 主要投資於數位資產和區塊鏈技術相關的公司，包括但不限於數位資產交易所、支付處理器、礦業公司和其他與數位資產生態系統相關的企業。成分股包括多家在數位資產和區塊鏈技術領域具有重要地位的公司。DAPP 提供了一種針對數位資產和區塊鏈技術的投資方法，並且在費用方面具有顯著的成本優勢。該 ETF 由 VanEck 管理。

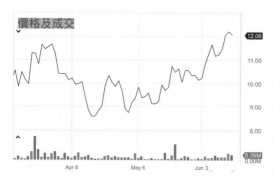

回報	
1個月	33.77%
3個月	20.55%
今年迄今	18.68%
1年	117.15%
3年	-18.33%
5年	N/A

概況	
發行人	VanEck
品牌	VanEck
結構	ETF
費用率	0.51%
創立日	Apr 12, 2021

歷史回報（%）對基準	DAPP	類別
2023	155.38%	無
2022	-85.60%	無

交易數據	
52 Week Lo	$4.97
52 Week Hi	$12.53
AUM	$131.3 M
股數	10.9 M

主題	
類別	科技股
規格	多元股
風格	混合
地區	全球
地區	廣泛

歷史交易數據	
1 個月平均量	235,348
3 個月平均量	266,532

Invesco S&P MidCap Momentum ETF（XMMO）

本基金旨在追蹤標普中型股 400 動能指數，該指數由標普中型股 400 指數中動能評分最高的 80 檔股票組成。XMMO 至少將其 90% 的總資產投資於追蹤指數的成分股。基金每半年會重新調整和重組一次，以維持其動能傾向。

XMMO 提供了一種針對美國中型股的動能投資方法，並且在費用方面具有顯著的成本優勢，位於同類產品中費用最低的五分之一。該 ETF 由 Invesco 管理。

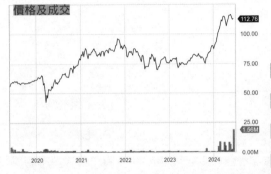

回報	
1個月	-0.80%
3個月	2.37%
今年迄今	27.75%
1年	49.36%
3年	11.74%
5年	15.37%

概況	
發行人	Invesco
品牌	Invesco
結構	ETF
費用率	0.34%
創立日	Mar 03, 2005

歷史回報（%）對基準		XMMO	類別
2023		20.38%	16.00%
2022		-16.02%	-14.01%
2021		16.70%	23.40%

交易數據	
52 Week Lo	$74.22
52 Week Hi	$117.57
AUM	$2,153.6 M
股數	18.8 M

主題	
類別	中盤成長股票
規格	多元股
風格	增長
地區	北美（一般）
地區	美國（具體）

歷史交易數據	
1 個月平均量	559,596
3 個月平均量	381,388

AdvisorShares Pure US Cannabis ETF（MSOS）

　　本基金是主動管理的交易所交易基金（ETF），其目標是通過將至少 80% 的淨資產（加上投資目的的借款）投資於在美國從事大麻行業的公司證券來實現長期資本增值。

　　該基金專注於參與合法生產、分銷和銷售大麻及相關產品的美國公司。它被歸類於醫療保健行業，特別是針對大麻行業。該 ETF 主要投資於小型成長股。根據最新數據，該 ETF 的價格範圍在 $7.65 到 $7.95 之間，交易量約為 665 萬股，周轉率為 5.57%。

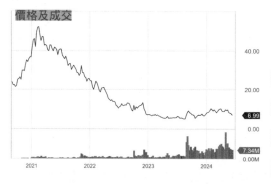

價格及成交

回報	
1個月	-22.51%
3個月	-18.04%
今年迄今	3.14%
1年	31.93%
3年	-43.54%
5年	N/A

概況	
發行人	AdvisorShares
品牌	AdvisorShares
結構	ETF
費用率	0.83%
創立日	Sep 01, 2020

歷史回報（%）對基準	MSOS	類別
2023	0.29%	無
2022	-72.68%	無
2021	-29.70%	無

交易數據	
52 Week Lo	$4.78
52 Week Hi	$11.36
AUM	$922.0 M
股數	119.9 M

主題	
類別	小型股混合股票
規格	多元股
風格	混合
地區	全球
地區	廣泛

歷史交易數據	
1 個月平均量	8,481,576
3 個月平均量	10,743,008

第三章
ETF 投資策略

投資交易所交易基金 (ETF) 是建立多元化且具成本效益的投資組合的有效方法。本章探討了投資 ETF 的各種策略，詳細介紹了投資者如何優化其投資組合以實現其財務目標。我們將涵蓋核心衛星策略、板塊輪換、主題投資、創造收入以及反向和槓桿 ETF 的風險管理。

核心衛星策略

核心衛星策略是一種流行的投資方法，它結合了廣泛市場投資的穩定性和有針對性投資獲得更高回報的潛力。這種策略的基本理念是將投資組合分為兩部分：核心部分和衛星部分。核心部分提供穩定的長期回報，而衛星部分則通過高風險、高回報的投資來增加整體回報。這種方法不僅能夠分散風險，還能靈活應對市場變化，適合希望在降低風險的同時獲得更高回報的投資者。

核心部分通常佔投資組合的大部分，約 60% 至 80%。這部分的投資主要集中在低風險、被動管理的投資工具上，如指數基金或 ETF，這些工具追蹤廣泛的市場指數，如 S&P 500、MSCI World Index 等。核心部分的目的是提供穩定的長期回報，並降低整體

投資組合的波動性。例如，投資者可以選擇 iShares MSCI Emerging Markets ETF（EEM）作為核心部分的一部分，因為它提供了對新興市場的廣泛曝光，涵蓋多個行業和地區。EEM ETF 追蹤 MSCI Emerging Markets Index，該指數由新興市場的大型和中型公司組成，提供對新興市場經濟的廣泛曝光。這種多元化投資策略可以幫助投資者降低單一資產或市場波動帶來的風險。

衛星部分則佔投資組合的較小部分，約 20% 至 40%。這部分的投資集中在高風險、高回報的投資工具上，如個股、行業或主題 ETF、主動管理基金等。衛星部分的目的是通過有針對性的投資來獲得超額回報。例如，投資者可以選擇投資於特定行業的 ETF，如科技、醫療保健或能源，或者選擇一些具有高增長潛力的個股。這些投資可以幫助投資者在市場上獲得更高的回報，但同時也伴隨著更高的風險。投資者可以根據市場情況和個人風險承受能力調整核心和衛星部分的比例，靈活應對市場變化。

核心衛星策略的優點在於它能夠分散風險、提供穩定性與增長潛力的平衡，以及靈活應對市場變化。核心部分提供了廣泛的市場曝險，降低了單一投資失敗的風險，而衛星部分則通過多樣化的高風險投資來增加回報。這種分散風險的方法可以幫助投資者在市場波動中保持穩定。核心部分提供了穩定的長期回報，而衛星部分則提供了增長潛力，兩者結合可以實現穩定與增長的平衡。這種平衡策略可以幫助投資者在市場上獲得更高的回報，同時降低風險。投資者可以根據市場情況和個人風險承受能力調整核心和衛星部分的比例，靈活應對市場變化。這種靈活性使得核

心衛星策略成為一種適應性強的投資方法。

實施核心衛星策略需要選擇合適的核心投資和衛星投資。核心投資應選擇一些低成本、被動管理的指數基金或 ETF，如 Vanguard Total Stock Market ETF（VTI） 或 iShares MSCI Emerging Markets ETF（EEM）。這些投資工具提供了廣泛的市場曝險，降低了單一投資失敗的風險。衛星投資則應根據個人風險承受能力和市場機會，選擇一些高風險、高回報的投資工具，如個股、行業 ETF 或主動管理基金。這些投資工具可以幫助投資者在市場上獲得更高的回報，但同時也伴隨著更高的風險。定期檢查和調整投資組合，確保核心和衛星部分的比例符合個人投資目標和風險承受能力。這種定期調整可以幫助投資者在市場波動中保持穩定，並實現長期投資目標。

假設一位投資者擁有 100 萬美元的投資資金，並希望實施核心衛星策略。該投資者可以將 80% 的資金（80 萬美元）分配到核心部分，20% 的資金（20 萬美元）分配到衛星部分。核心部分可以投資 80 萬美元於 Vanguard Total Stock Market ETF（VTI），該 ETF 追蹤美國股票市場的整體表現，提供廣泛的市場曝光和穩定的長期回報。衛星部分可以投資 10 萬美元於 iShares Global Clean Energy ETF（ICLN），該 ETF 專注於全球清潔能源公司，具有高增長潛力；投資 5 萬美元於 ARK Innovation ETF（ARKK），該 ETF 專注於創新技術公司，具有高風險和高回報的特點；投資 5 萬美元於個股，如 Tesla（TSLA）和 Amazon（AMZN），這些公司具有高增長潛力，但也伴隨著較高的風險。通過這種分配，投資者可以在獲得穩定回報

的同時，利用市場機會獲得超額回報。

　　雖然核心衛星策略具有多種優點，但投資者仍需注意風險管理。確保核心和衛星部分的投資分散於不同的資產類別、行業和地區，以降低單一市場或行業波動帶來的風險。定期檢查投資組合的表現，並根據市場情況和個人投資目標進行調整。這可以幫助投資者在市場波動中保持穩定，並實現長期投資目標。在選擇衛星投資時，應根據個人風險承受能力選擇適當的投資工具。高風險投資可能帶來高回報，但也伴隨著較高的風險。核心衛星策略的靈活性使得投資者可以根據市場情況和個人需求調整投資組合。投資者應保持靈活性，根據市場變化和個人需求進行調整。

　　核心衛星策略是一種平衡穩定性和增長潛力的投資方法，適合希望在降低風險的同時獲得更高回報的投資者。通過將投資組合分為核心部分和衛星部分，投資者可以實現穩定的長期回報，同時利用市場機會獲得超額回報。投資者應根據自身的投資目標和風險承受能力，仔細選擇和調整投資組合，做出明智的投資決策。通過分散投資、定期檢查和調整、風險承受能力評估和保持靈活性，投資者可以在市場波動中保持穩定，並實現長期投資目標。

經濟週期策略

　　經濟週期策略旨在根據經濟週期的不同階段（例如擴張、高峰、收縮和低谷）來選擇和調整投資組合。這種策略的核心理念是不同的行業和資產類別在經濟週期的不同階段會有不同的表

現，因此通過在適當的時機投資於適當的行業，可以最大化投資回報並降低風險。

經濟週期通常分為四個階段：擴張、高峰、收縮和低谷。在擴張階段，經濟增長加速，企業盈利增加，失業率下降，消費者信心上升。在這一階段，消費者支出增加，非必需消費品和科技行業通常表現良好。例如，非必需消費品精選產業 SPDR 基金 (XLY) 在經濟擴張期間表現出色，因為消費者在收入增加時更願意花費在非必需品上。

當經濟增長達到頂峰時，通脹壓力上升，利率可能上調。在這一階段，投資者可能會轉向防禦性行業，如醫療保健和必需消費品，這些行業在經濟波動中相對穩定。例如，醫療保健精選行業 SPDR 基金 (XLV) 和必需消費品精選行業 SPDR 基金 (XLP) 在經濟高峰期通常表現良好。

隨著經濟增長放緩，企業盈利下降，失業率上升，消費者信心下降，經濟進入收縮階段。在這一階段，防禦性行業和固定收益資產通常表現較好。例如，公用事業精選行業 SPDR 基金 (XLU) 在經濟低迷時期表現出色，因為公用事業服務需求穩定，不受經濟波動影響。

當經濟活動觸底，通脹壓力減輕，利率可能下降，經濟進入低谷階段。在這一階段，投資者可能會開始重新配置資產，轉向高風險、高回報的行業，如科技和非必需消費品，以捕捉即將到來的經濟復甦。例如，科技精選行業 SPDR 基金 (XLK) 在經濟低谷期可能表現良好，因為科技行業通常在經濟復甦初期領先。

實施經濟週期策略需要投資者了解經濟週期的四個階段及其特徵，並能夠識別當前經濟所處的階段。這可以通過分析經濟指標，如 GDP 增長率、失業率、通脹率和利率來實現。根據經濟週期的不同階段，選擇合適的行業和資產進行投資。例如，在經濟擴張期，投資於非必需消費品和科技行業；在經濟收縮期，轉向防禦性行業和固定收益資產。

經濟週期是動態變化的，投資者需要定期檢查和調整投資組合，以確保其與當前經濟階段相匹配。這可以通過定期的投資組合評估和再平衡來實現。經濟週期策略涉及在不同的經濟階段進行投資，這意味著投資者需要具備良好的風險管理能力。這包括分散投資、設置止損點和保持靈活性，以應對市場的不確定性。

經濟週期策略的優點在於它能夠提高回報潛力和降低風險。通過在經濟週期的不同階段投資於表現良好的行業，投資者可以最大化投資回報。同時，通過分散投資和定期調整投資組合，投資者可以降低單一行業或資產類別的風險。此外，經濟週期策略使投資者能夠靈活應對市場變化，根據經濟狀況調整投資組合。

然而，實施經濟週期策略也面臨一些挑戰。準確識別經濟週期的階段並不容易，可能需要專業的經濟分析和市場研究。經濟週期策略需要頻繁調整投資組合，這可能會受到市場波動的影響，增加交易成本。投資者需要保持冷靜和理性，不受市場情緒的影響，這對於一些投資者來說可能具有挑戰性。

經濟週期策略是一種根據經濟週期的不同階段來選擇和調整投資組合的投資方法。通過在適當的時機投資於適當的行業，投

資者可以最大化投資回報並降低風險。

實施這一策略需要投資者具備良好的經濟分析能力和風險管理能力。通過了解經濟週期、選擇合適的行業和資產、定期調整投資組合和有效的風險管理，投資者可以靈活應對市場變化，實現長期投資目標。

日曆策略

日曆策略利用影響產業績效的季節性趨勢和日曆效應來選擇和調整投資組合。這種策略的核心理念是不同的行業和資產類別在一年中的不同時間會有不同的表現，因此通過在適當的時機投資於適當的行業，可以最大化投資回報並降低風險。

日曆策略利用市場中存在的季節性趨勢和日曆效應來進行投資決策。這些趨勢和效應可能是由於消費者行為、企業活動、政府政策或自然現象等因素引起的。例如，夏季駕駛季節通常會導致能源需求增加，而節日期間消費者對必需品的支出也會增加。通過識別和利用這些趨勢，投資者可以在特定時間段內獲得更高的回報。

實施日曆策略需要投資者了解不同行業和資產類別在一年中的表現特徵，並能夠識別當前市場所處的季節性趨勢。這可以通過分析歷史數據、行業報告和市場研究來實現。根據這些信息，投資者可以選擇合適的行業和資產進行投資。

例如，能源精選產業 SPDR 基金 (XLE) 可能受益於夏季駕駛季節能源需求的增加。在夏季，隨著天氣變暖和假期的到來，人

們的駕駛活動增加，導致對汽油和其他能源產品的需求上升。投資者可以在夏季來臨之前買入 XLE，並在需求高峰期獲利。

另一個例子是必需消費品精選行業 SPDR 基金 (XLP)，該基金通常在消費者對必需品的支出增加的節日期間表現良好。節日期間，如感恩節、聖誕節和新年，人們通常會增加對食品、飲料和家庭用品等必需品的消費。投資者可以在這些節日來臨之前買入 XLP，並在消費高峰期獲利。

日曆策略的優點在於它能夠提高回報潛力和降低風險。通過在特定時間段內投資於表現良好的行業，投資者可以最大化投資回報。利用季節性趨勢和日曆效應，投資者可以在市場上獲得更高的回報。此外，通過分散投資和定期調整投資組合，投資者可以降低單一行業或資產類別的風險。日曆策略使投資者能夠靈活應對市場變化，根據市場情況和個人風險承受能力調整投資組合。這種靈活性使得日曆策略成為一種適應性強的投資方法。

實施日曆策略也面臨一些挑戰。準確識別市場中的季節性趨勢和日曆效應並不容易，可能需要專業的市場分析和研究。投資者需要具備良好的市場洞察力和分析能力。此外，日曆策略需要頻繁調整投資組合，這可能會受到市場波動的影響，增加交易成本。投資者需要保持冷靜和理性，不受市場情緒的影響，這對於一些投資者來說可能具有挑戰性。投資者需要具備良好的心理素質和風險管理能力。

日曆策略是一種利用季節性趨勢和日曆效應來選擇和調整投資組合的投資方法。通過在適當的時機投資於適當的行業，投資

者可以最大化投資回報並降低風險。實施這一策略需要投資者具備良好的市場分析能力和風險管理能力。通過了解市場中的季節性趨勢和日曆效應、選擇合適的行業和資產、定期調整投資組合和有效的風險管理，投資者可以靈活應對市場變化，實現長期投資目標。

地理策略

地理策略是一種投資方法，旨在根據區域經濟趨勢和地緣政治事件來選擇和調整投資組合。這種策略的核心理念是不同的地理區域在特定的經濟和政治環境下會有不同的表現，因此通過在適當的時機投資於適當的地區和行業，可以最大化投資回報並降低風險。

地理策略著重於投資在預計受益於區域經濟趨勢或地緣政治事件的行業和地區。這些趨勢和事件可能包括經濟增長、貿易協定、政治穩定性、資源分配和地緣政治衝突等因素。例如，日本和台灣這兩個地區在特定的經濟和政治環境下有不俗的表現。通過識別和利用這些趨勢，投資者可以在特定地區和行業中獲得更高的回報。

實施地理戰略需要投資者了解不同地區和行業在特定經濟和政治環境下的表現特徵，並能夠識別當前市場所處的區域經濟趨勢和地緣政治事件。這可以通過分析歷史數據、地緣政治報告和市場研究來實現。根據這些信息，投資者可以選擇合適的地區和行業進行投資。

例如，iShares MSCI Japan ETF（EWJ）提供對日本市場的投資。日本作為全球第三大經濟體，擁有穩定的政治環境和強大的製造業基礎。隨著日本政府推動經濟改革和刺激政策，投資者可以通過投資於 EWJ，獲得對日本市場的廣泛曝光，從而在經濟增長期獲得更高的回報。

另一個例子是 iShares MSCI Taiwan ETF（EWT），該基金專注於台灣市場。台灣是全球半導體產業的領導者，擁有眾多世界級的科技公司，如台積電和聯發科。隨著全球對科技產品需求的增加，台灣的半導體產業將持續受益。投資者可以通過投資於 EWT，獲得對台灣科技產業的廣泛曝光，從而在科技產業增長期獲得更高的回報。

地理策略的優點在於它能夠提高回報潛力和降低風險。通過在特定地區和行業中投資於表現良好的行業，投資者可以最大化投資回報。利用區域經濟趨勢和地緣政治事件，投資者可以在市場上獲得更高的回報。此外，通過分散投資和定期調整投資組合，投資者可以降低單一地區或行業的風險。地理戰略使投資者能夠靈活應對市場變化，根據市場情況和個人風險承受能力調整投資組合。這種靈活性使得地理戰略成為一種適應性強的投資方法。

實施地理策略也面臨一些挑戰。準確識別市場中的區域經濟趨勢和地緣政治事件並不容易，可能需要專業的市場分析和研究。投資者需要具備良好的市場洞察力和分析能力。此外，地理策略需要頻繁調整投資組合，這可能會受到市場波動的影響，增加交易成本。投資者需要保持冷靜和理性，不受市場情緒的影響，這

對於一些投資者來說可能具有難度。投資者需要具備良好的心理素質和風險管理能力。

主題投資

主題投資是一種針對預計將推動長期成長的特定投資主題或趨勢的投資方法。這種方法使投資者能夠利用新興的機會和創新，從而在快速變化的市場環境中獲得潛在的高回報。

主題投資的核心理念是識別和投資於那些具有顯著增長潛力的行業和技術，這些行業和技術通常受到宏觀經濟趨勢、社會變遷和技術進步的驅動。

在主題投資中，有幾個特定的領域特別受到投資者的關注。這些領域包括技術與創新、清潔能源以及醫療保健和生物技術。

技術與創新是主題投資中最受歡迎的領域之一。隨著科技的迅速發展，許多公司正在利用新技術來改變行業和創造新的市場機會。First Trust 雲端運算 ETF（SKYY）就是一個典型的例子。該 ETF 投資於雲端運算領域的公司，這些公司提供雲端基礎設施、平台和服務，並在數據存儲、處理和傳輸方面具有領先地位。另一個例子是 Global X 機器人與人工智慧 ETF（BOTZ），該 ETF 專注於機器人和人工智慧技術，投資於那些在自動化、機器學習和人工智慧領域具有創新能力的公司。

清潔能源也是主題投資中的一個重要領域。隨著全球對環境保護和可持續發展的關注日益增加，清潔能源技術正在迅速發展。iShares Global Clean Energy ETF（ICLN）為涉及太陽能和風能等再生

能源的公司提供投資機會。這些公司致力於開發和推廣可再生能源技術，以減少對化石燃料的依賴，並降低碳排放。

醫療保健和生物技術是另一個具有巨大增長潛力的領域。隨著人口老齡化和醫療需求的增加，醫療保健和生物技術行業正在經歷快速的技術創新。ARK Genomic Revolution ETF（ARKG）投資於基因組學和生物技術領域的公司，這些公司致力於基因編輯、基因測序和個性化醫療等前沿技術，旨在改善人類健康和延長壽命。

主題投資的優點在於它提供了對高成長領域的有針對性的投資，使投資者能夠從特定趨勢中受益，而無需挑選個股。通過投資於主題 ETF，投資者可以獲得對特定行業或技術的廣泛曝光，從而分散風險並提高回報潛力。例如，投資於 First Trust 雲端運算 ETF（SKYY）或 Global X 機器人與人工智慧 ETF（BOTZ），投資者可以受益於雲端運算和人工智慧技術的快速發展，而無需挑選個別公司。

主題投資也存在一定的風險。這些 ETF 可能比大市場 ETF 波動更大，因為它們集中在特定行業或主題，這意味著它們的表現可能受到單一行業或技術的影響。此外，主題 ETF 的多元化程度通常較低，這可能增加投資組合的風險。例如，如果清潔能源技術的發展速度不如預期，投資於 iShares Global Clean Energy ETF（ICLN）的投資者可能會面臨較大的損失。

主題投資是一種捕捉新興機會和創新的投資方法，適合那些希望在快速變化的市場環境中獲得高回報的投資者。通過識別和投資於具有顯著增長潛力的行業和技術，投資者可以在長期內實現可觀的回報。

透過股息 ETF 創收

股息 ETF 專注於支付高股息的股票,為投資者提供穩定的收入來源。這些 ETF 深受注重收入的投資者的歡迎,尤其是那些接近或即將退休的投資者。通過投資於支付股息的股票,這些 ETF 提供了一種產生定期收入的方式,同時也有可能從資本增值中受益。

高收益股利 ETF

高收益股利 ETF 是一種專注於高股息股票的投資工具,旨在為投資者提供穩定的收入來源。嘉信美國股息股票 ETF(SCHD)就是一個典型的例子。該 ETF 的費用率僅為 0.06%,收益率為 3.3%,追蹤道瓊美國股息 100 指數,重點關注高品質、高收益股息股票。這個 ETF 旨在為投資者提供有穩定股息支付記錄的公司的曝光,使其成為尋求穩定收入的投資者的理想選擇。

另一個值得注意的高收益股利 ETF 是先鋒高股息殖利率 ETF(VYM)。該 ETF 的費用率同樣為 0.06%,收益率為 2.8%,追蹤富時高股息殖利率指數。這個指數包括支付高股息的大盤價值股票,為投資者提供了一個多元化的收入來源。這些 ETF 不僅提供穩定的股息收入,還有可能從股票價格的上漲中受益。

備兌買權 ETF

備兌買權 ETF 是另一種創收策略。這些 ETF 在其基礎資產上賣出備兌買權,通過期權溢價產生收入。摩根大通納斯達克股票溢價收益 ETF(JEPQ)就是一個例子。該 ETF 的費用率為 0.35%,

收益率為 7.6%。JEPQ 通過出售納斯達克 100 指數的價外看漲期權來產生收入，提供每月收入流，同時仍然允許股票上漲的可能性。這種策略使投資者能夠在市場波動中獲得穩定的收入，同時保留一定的增長潛力。

反向和槓桿 ETF 和風險管理

反向和槓桿 ETF 是專門的投資工具，旨在放大回報或提供指數的反向敞口。這些 ETF 可用於避險或投機目的，但風險較高。反向 ETF 旨在提供與標的指數相反的表現。例如，ProShares Short S&P 500 ETF（SH）尋求實現 S&P 500 指數的反向每日表現。這種類型的 ETF 通常用於對沖市場下跌。另一個例子是 Direxion 每日小盤熊市 3 倍股票（TZA），該 ETF 提供羅素 2000 指數每日反向表現的三倍。這些 ETF 可以在市場下跌時有效地管理風險。

槓桿 ETF 則旨在放大基礎指數的回報，通常通過使用債務和衍生性商品來實現。例如，ProShares UltraPro QQQ（TQQQ）力求提供納斯達克 100 指數每日表現的三倍。同樣，Direxion 每日 S&P 500 Bull 3X 股票（SPXL）旨在提供 S&P 500 指數每日表現的三倍。這些 ETF 在市場上升時可以提供顯著的回報，但也伴隨著更高的風險。

風險和注意事項

槓桿 ETF 和反向 ETF 的主要風險之一是其高波動性。這些 ETF 設計用於短期交易，如果管理不當，可能會導致重大損失。它們每天重置槓桿，這可能導致複合效應以及在較長時期內與預

期倍數的績效偏差。這種每日重新平衡可能會導致績效與預期的槓桿倍數偏離,特別是在波動市場中。

市場時機是投資槓桿和反向 ETF 的另一個關鍵因素。成功使用這些 ETF 需要準確的市場時機,這對於經驗豐富的投資者來說也是一個挑戰。需要準確的市場預測增加了額外的複雜性和風險。

總結來說,股息 ETF 提供了一種可靠的創收方式,使其成為注重收入的投資者的理想選擇。高收益股利 ETF 如 SCHD 和 VYM 提供了高品質、支付股息的股票的曝光,而備兌買權 ETF 如 JEPQ 則通過期權溢價產生收入。然而,投資者應該注意槓桿和反向 ETF 的風險。這些專門的工具可以放大回報或提供反向敞口,但伴隨著更高的波動性和需要準確市場時機的挑戰。通過理解這些風險並仔細選擇投資,投資者可以有效地利用股息 ETF 和其他策略來實現其財務目標。

第四章
未來趨勢與預測

在創新、監管變化和投資者偏好轉變的推動下，ETF 市場不斷發展。本章深入探討 ETF 的未來趨勢和預測，重點關注主動型 ETF 的崛起、監管變化的影響、技術創新以及主題型 ETF 和 ESG ETF 的日益普及。

主動型 ETF 的成長

近年來，主動型 ETF 受到了極大關注，預計這一趨勢將在 2024 年及以後持續下去。主動管理所提供的靈活性和更高回報的潛力吸引了廣泛的投資者。

主動型 ETF 成長的主要驅動力

1. 監管變化：美國證券交易委員會（SEC）於 2019 年通過了「ETF 規則」，簡化了 ETF 上市流程，並為投資組合經理在創建和贖回 ETF 份額時提供了更大的靈活性。此監管變化是加快 ETF 成長的重要催化劑。

2. 投資者需求：根據 Trackinsight 2024 年全球 ETF 調查，近四

分之三的 ETF 投資者目前正在投資或對主動型 ETF 感興趣。這種強烈的需求源於投資者對多元化的渴求，以及在具有成本效益的 ETF 結構中享受主動管理的好處。

　　3. 產品創新：主動式 ETF 市場與主動式共同基金市場一樣多元化，呈現多種策略，滿足不同的投資需求。其中包括研究增強索引、無約束策略和主題策略。

主動 ETF 的好處

　　績效增強：主動型 ETF 旨在透過主動管理超越基準，與被動型 ETF 相比，提供更高的回報。

　　創收：許多主動型 ETF 專注於創收，這使得它們對尋求收入的投資者具有吸引力。

　　靈活性：與追蹤指數的被動 ETF 不同，主動 ETF 可以根據嚴謹的研究靈活地分配給最具吸引力的證券。

挑戰和考慮因素

　　成本較高：由於主動式管理相關的成本，與被動 ETF 相比，主動 ETF 的費用率通常較高。

　　表現風險：主動型 ETF 的成功取決於投資組合經理的眼光，並且不能保證它們會跑贏基準。

　　透明度：雖然許多活躍的 ETF 提供其持股的每日透明度，但有些可能會使用半透明結構來保護其投資策略，這可以成為投資

者的考慮因素。

監管變化的影響

　　監管變化預計將在塑造 ETF 市場的未來方面發揮重要作用。這些變化可以為 ETF 發行人和投資者創造新的機會和挑戰。

主要監管動態

　　1. T+1 結算週期：美國定於 2024 年 5 月過渡到 T+1 結算週期，這是一項重大的監管變化。縮短結算週期旨在提高金融體系的效率並降低風險。然而，它也為 ETF 發行者和市場參與者帶來了挑戰，特別是在管理創建和贖回流程方面。

　　2. 批准新的股票類別結構：美國證券交易委員會正在考慮允許更多的資產管理公司複製先鋒集團使用的基金模型，該模型允許 ETF 作為更廣泛的共同基金的股票類別上市。這項變更可能會導致推出數千隻新 ETF，並有可能提高 ETF 的稅務效率。

　　3. ESG 法規：歐盟分類法和其他 ESG 相關法規的實施預計將推動 ESG ETF 的成長。這些法規旨在標準化 ESG 報告並促進永續投資，使投資者更容易識別和投資符合 ESG 的基金。

對投資者的影響

　　提高效率：T+1 結算週期有望提高市場效率並降低交易對手

風險，透過更快的結算時間使投資者受益。

更多投資選擇：新股票類別結構的批准可能會導致新 ETF 的激增，為投資者提供更廣泛的投資選擇。

增強 ESG 透明度：ESG 法規將提高 ESG 報告的透明度和標準化，使投資者更容易評估其投資的可持續性。

ETF 的技術創新

技術創新正在推動 ETF 市場的下一波成長。這些創新正在增強 ETF 的功能，使其更有效率且易於使用。

關鍵科技趨勢

1. 區塊鏈和代幣化：區塊鏈技術和代幣化有望透過提高透明度、降低成本和提高流動性來徹底改變 ETF 市場。代幣化 ETF 可以為全球投資者提供無縫獲取各種資產的機會，包括比特幣等數位資產。

2. 人工智慧（AI）：人工智慧越來越多地應用於 ETF 管理中，以增強投資組合建構、風險管理和交易策略。人工智慧驅動的 ETF 可以利用機器學習演算法來識別投資機會並優化投資組合績效。

3. 數位平台：數位平台和機器人顧問的興起使投資者更容易存取和管理 ETF。這些平台提供個人化投資建議和自動化投資組合管理，使 ETF 投資更容易被廣泛的受眾接受。

科技創新的好處

增強透明度：區塊鏈技術可以為 ETF 持有和交易提供即時透明度，從而提高投資者的信心。

成本效率：技術創新可以降低營運成本，使 ETF 對投資者來說更具成本效益。

提高可近性：數位平台和代幣化可以使 ETF 更容易被更廣泛的投資者使用，包括新興市場的投資者。

挑戰和考慮因素

監管不確定性：區塊鏈和數位資產的監管環境仍在不斷發展，監管不確定性可能會為這些技術的採用帶來挑戰。

安全風險：數位平台和區塊鏈技術的使用帶來了新的安全風險，例如網路攻擊和欺詐，需要有效管理。

技術複雜性：人工智慧和區塊鏈等先進技術的實施需要大量投資和專業知識，這可能成為一些 ETF 發行人的障礙。

主題型和 ESG ETF 的興起

隨著投資者尋求將投資與長期趨勢和永續發展目標保持一致，主題型和 ESG（環境、社會和治理）ETF 越來越受歡迎。

主題 ETF

主題 ETF 專注於預計將推動長期成長的特定投資主題或趨勢。這些 ETF 使投資者能夠利用新興機會和創新。

流行主題

1. 技術和創新：專注於技術和創新（例如人工智慧、機器人和雲端運算）的主題 ETF 正在受到關注。這些 ETF 為處於技術進步前沿的公司提供了投資機會。

例子：

Global X 機器人與人工智慧 ETF (BOTZ)：投資於機器人和人工智慧技術領域的公司。

First Trust 雲端運算 ETF（SKYY）：專注於提供雲端運算基礎設施和服務的公司。

2. 清潔能源：清潔能源 ETF 投資於涉及太陽能、風能和水力發電等再生能源的公司。這些 ETF 受惠於全球向永續能源解決方案的轉變。

例子：

iShares 全球清潔能源 ETF (ICLN)：提供參與再生能源的公司的投資。

Invesco Solar ETF (TAN)：專注於太陽能產業的公司。

3. 醫療保健和生物技術：醫療保健和生物技術領域的主題 ETF 投資於開發創新醫療和技術的公司。這些 ETF 是由基因組學、生物技術和醫療保健服務的進步所驅動的。

例子：

ARK Genomic Revolution ETF（ARKG）：投資於基因組學和生物

技術領域的公司。

iShares U.S. Healthcare ETF (IYH)：提供對美國醫療保健公司的投資。

好處和風險

優點：主題 ETF 提供對高成長領域的有針對性的投資，使投資者能夠從特定趨勢中受益，而無需挑選個股。它們提供了一種投資長期結構變革和創新的方式。

風險：主題 ETF 可能比大市場 ETF 波動更大、多元化程度更低，因為它們集中在特定行業或主題。它們也可能面臨與基本主題相關的監管和市場風險。

ESG ETF

ESG ETF 專注於符合特定環境、社會和治理標準的公司。這些 ETF 旨在促進永續投資並符合投資者的價值觀。

ESG ETF 成長的主要驅動力

1. 監管支持：歐盟分類法等 ESG 法規的實施正在推動 ESG ETF 的成長。這些法規旨在標準化 ESG 報告並促進永續投資。

2. 投資者需求：隨著投資者越來越意識到其投資對環境和社會的影響，對 ESG 投資的需求不斷增長。 ESG ETF 為投資者提供了一種使其投資組合與其價值觀一致的方式。

3. 企業責任：企業越來越多地採用 ESG 實務來滿足監管要求

和投資者期望。這一趨勢正在推動更多公司納入 ESG ETF。

好處和風險

優點：ESG ETF 提供了一種投資致力於永續實踐的公司的方式。它們為可能從全球永續發展轉變中受益的公司提供了機會。

風險：由於與 ESG 研究和合規相關的成本，與傳統 ETF 相比，ESG ETF 的費用率可能更高。他們也可能面臨與 ESG 標準相關的監管和市場風險。

結論

在主動 ETF 崛起、監管變化、技術進步以及主題和 ESG ETF 日益普及等趨勢的推動下，ETF 市場將於 2024 年持續成長和創新。這些趨勢為投資者和 ETF 發行人創造了新的機會和挑戰。透過隨時了解這些發展並了解其影響，投資者可以做出明智的決策並策略性地分配其投資組合，以在不斷變化的 ETF 格局中獲得最佳回報。

第五章
個案研究

案例研究提供了有關成功 ETF 投資策略的寶貴見解以及市場領導者的經驗教訓。透過研究現實世界的例子，投資者可以學習如何有效地建立和管理他們的 ETF 投資組合。本章探討了成功的 ETF 投資組合的幾個案例研究，並重點介紹了市場領導者的主要經驗。

案例研究 1：David Swensen 耶魯捐贈基金投資組合

耶魯大學首席投資長 David Swensen 以其創新的捐贈管理方法而聞名。他的投資策略被稱為耶魯模型，強調多元化、另類投資和長期觀點。斯文森的方法非常成功，為耶魯大學捐贈基金帶來了可觀的回報。

投資組合構成

Swensen 投資組合的特點是資產類別多元化，包括股票、固定收益、房地產、私募股權和對沖基金。對於個人投資者來說，透過關注廣泛的多元化和另類資產類別，可以利用 ETF 複製耶魯模型。

Vanguard Total Stock Market ETF (VTI)：提供對整個美國股票市場的投資。

iShares MSCI ACWI 除美國 ETF (ACWX)：提供全球股票投資，不包括美國。

iShares 美國國債 ETF (GOVT)：提供美國公債曝險。

SPDR 道瓊斯全球房地產 ETF (RWO)：投資全球房地產。

iShares MSCI 新興市場 ETF (EEM)：專注於新興市場股票。

iShares TIPS 債券 ETF (TIP)：投資於通膨保值國債 (TIPS)。

優點

多元化：斯文森的投資組合證明了跨多個資產類別的多元化對於降低風險和提高回報的重要性。

另類投資：包括房地產和新興市場等另類投資，可以提供額外的回報來源和多元化。

長期觀點：長期投資期間可以實現報酬的複利，並減少短期市場波動的影響。

案例研究 2：The Bogleheads **的** ThreeFund **投資組合**

Bogleheads 的 ThreeFund 投資組合是一種簡單而有效的投資策略，其靈感來自先鋒集團（Vanguard）創始人約翰‧博格爾（John Bogle）。該投資組合由三個核心 ETF 組成，提供廣泛的多元化和低成本。

投資組合構成

ThreeFund 投資組合包括以下 ETF：

Vanguard Total Stock Market ETF (VTI)：提供對整個美國股票市場的投資。

Vanguard Total International Stock ETF (VXUS)：提供全球股票曝險（美國除外）。

Vanguard Total Bond Market ETF (BND)：投資於廣泛的美國投資等級債券。

優點

簡單性：ThreeFund 投資組合證明簡單、低成本的投資策略可以非常有效。

廣泛的多元化：透過納入美國和國際股票以及債券，投資組合實現了廣泛的多元化。

低成本：專注於低成本 ETF 有助於透過最大限度地減少費用和開支來最大化回報。

案例研究 3：Ray Dalio 的 AllWeather **產品組合**

Bridgewater Associates 的創辦人 Ray Dalio 開發了 AllWeather Portfolio，以在各種經濟環境中表現良好。該投資組合旨在適應不同的市場條件，包括通貨膨脹、通貨緊縮和經濟成長。

投資組合構成

AllWeather 投資組合包括多種資產類別，以實現平衡和穩定：

iShares 20+ 年期公債 ETF (TLT)：提供長期美國公債的投資。

iShares 710 年公債 ETF (IEF)：投資於美國中期公債。

SPDR 黃金股 (GLD)：提供實體黃金敞口。

Vanguard Total Stock Market ETF (VTI)：提供對整個美國股票市場的投資。

iShares TIPS 債券 ETF (TIP)：投資於通膨保值國債 (TIPS)。

iShares MSCI ACWI 除美國 ETF (ACWX)：提供全球股票投資，不包括美國 。

優點

風險平價：全天候投資組合強調平衡不同資產類別的風險，以實現穩定性並減少波動性。

通膨保護：包含 TIPS 和黃金等資產，有助於保護投資組合免受通膨影響。

經濟彈性：此投資組合旨在各種經濟條件下表現良好，提供穩健的投資策略。

案例研究 4：Harry Browne 的永久投資組合（Permanent Portfolio）

哈里布朗的永久投資組合是一種保守的投資策略，旨在在任何經濟環境中都能夠表現良好。該投資組合包括四種資產類別，每種資產類別旨在在不同的經濟條件下蓬勃發展。

投資組合構成

永久投資組合由以下 ETF 組成：

SPDR 黃金股 (GLD)：提供實體黃金敞口。

iShares 20+ 年期公債 ETF (TLT)：提供長期美國公債的投資。

Vanguard Total Stock Market ETF (VTI)：提供對整個美國股票市場的投資。

iShares 短期公債 ETF (SHV)：投資於短期美國公債。

優點

經濟平衡：永久投資組合旨在透過包含在不同條件（例如通貨膨脹、通貨緊縮和經濟成長）下表現良好的資產來平衡經濟風險。

簡單性：產品組合的簡單性使其易於實施和管理。

穩定性：永久投資組合旨在提供穩定的回報和低波動性，適合保守的投資者。

案例研究 5：巴菲特的成長投資組合

華倫·巴菲特是有史以來最成功的投資者之一，主張採取長期的、以成長為導向的投資策略。他的方法是專注於投資具有強勁成長潛力的優質公司。

投資組合構成

雖然巴菲特主要投資個股，但他的投資原則也適用於 ETF 投資組合：

Vanguard S&P 500 ETF（VOO）：提供對美國 500 家最大公司的投資。

iShares Russell 1000 Growth ETF（IWF）：專注於大型成長股。

Vanguard MidCap Growth ETF（VOT）：投資中型成長股。

iShares MSCI EAFE Growth ETF（EFG）：提供美國以外已開發市場成長股的投資機會。

優點

品質與成長：巴菲特的策略強調投資具有強勁成長潛力的優質公司。

長期關注：長期投資期限可以實現複合回報並減少短期市場波動的影響。

多元化：包括大型股、中型股和國際成長型股票的組合，提供了廣泛的多元化和各種成長機會的曝險。

市場領導者

Vanguard、BlackRock 和 State Street Global Advisors 等市場領導者在塑造 ETF 產業方面發揮了重要作用。他們的成功為投資者提供了寶貴的經驗。

先鋒

低成本：先鋒集團對低成本投資的關注是其成功的關鍵驅動力。透過最大限度地減少費用，先鋒集團幫助投資者最大限度地提高回報。

指數投資：先鋒集團開創了指數投資的先河，事實證明這是一個非常有效的長期成長策略。

投資者教育：先鋒集團強調投資者教育，幫助投資者做出明智的決策並保持投資方法的紀律。

貝萊德（iShares）

創新：貝萊德的 iShares 品牌以其創新的 ETF 產品而聞名，包括特定行業和主題的 ETF。

全球影響力：貝萊德提供廣泛的 ETF，為全球市場提供投資機會，幫助投資者實現投資組合多元化。

流動性：iShares ETF 以其流動性而聞名，讓投資者可以輕鬆買賣股票。

道富環球投資顧問公司 (SPDR)

市場領導地位:道富銀行的 SPDR ETF,包括 SPDR S&P 500 ETF (SPY),是市場上交易最廣泛和最受認可的 ETF 之一。

廣泛的產品:道富銀行提供多種 ETF,包括產業 ETF、固定收益 ETF 和商品 ETF。

機構聚焦:道富銀行與機構投資者的牢固關係幫助其保持 ETF 產業的領先地位。

結論

成功的 ETF 投資組合的案例研究以及市場領導者的經驗為投資者提供了寶貴的見解。透過了解這些成功投資組合背後的策略和原則,投資者可以做出明智的決策,並根據其投資目標和風險承受能力建立穩健的 ETF 投資組合。無論您是尋求穩定的保守投資者,還是尋求高回報的成長型投資者,ETF 策略都可以幫助投資者實現財務目標。